土木工程施工
与项目管理研究

丁绍刚 ◎著

吉林科学技术出版社

图书在版编目（CIP）数据

土木工程施工与项目管理研究 / 丁绍刚著. -- 长春：
吉林科学技术出版社，2022.9
　ISBN 978-7-5578-9651-5

　Ⅰ．①土… Ⅱ．①丁… Ⅲ．①土木工程－工程施工－
研究②土木工程－工程项目管理－研究 Ⅳ．①TU7

中国版本图书馆 CIP 数据核字(2022)第 177807 号

土木工程施工与项目管理研究

著　丁绍刚
出 版 人　宛　霞
责任编辑　张伟泽
封面设计　金熙腾达
制　　版　金熙腾达
幅面尺寸　185 mm×260mm
开　　本　16
字　　数　271 千字
印　　张　12
版　　次　2022 年 9 月第 1 版
印　　次　2023 年 3 月第 1 次印刷
出　　版　吉林科学技术出版社
发　　行　吉林科学技术出版社
地　　址　长春市净月区福祉大路 5788 号
邮　　编　130118
发行部电话/传真　0431-81629529　81629530　81629531
　　　　　　　　　　　81629532　81629533　81629534

储运部电话　0431-86059116

编辑部电话　0431-81629518

印　　刷　三河市嵩川印刷有限公司

书　　号　ISBN 978-7-5578-9651-5
定　　价　75.00 元

前　言

新时期，我国社会主义市场经济体制改革不断深化，城市化进程也在逐步推进，这给土木工程建设的发展带来了新的机遇。土木工程建设项目逐年增加，如何实现土木工程施工的创新，提高施工质量，提高施工企业的经济效益，是当前建筑施工企业关注的焦点问题。土木工程建设的发展不是一蹴而就的，需要长期坚持，这也是今后土木工程发展的重点。土木工程施工可以从创新建筑施工技术、建筑建材和工程管理机制等方面来实现。此外，项目管理人员和施工人员应在实践中积累经验，提高自身素质，为土木工程施工的创新做出贡献。

不同于其他行业领域，土木工程建筑施工的周期普遍较长，在施工中会消耗大量的人力与物力资源，工程内容涉及领域众多，施工内容繁杂程度各不相同，如果某一施工环节出现了问题，土木工程施工的整体水平也会因此而受到影响。在土木工程建筑施工中大力推进项目管理，不仅能够充分保障施工质量，同时也能促进施工效率的提升。基于此，本书将对土木工程施工项目管理进行分析，开篇对土木工程中的不同施工环节进行简单概述，之后对具体的项目环节在管理中的实施措施进行针对性的分析。本书内容全面，文字规范、简练，注重实用性及实践性，能够为建筑工程专业人士提供一定的理论指导。

本书撰写中参考了有关专家学者的论著、文献，吸取了一些最新的研究成果，大部分都列入了后面的参考文献，在此向他们表示衷心感谢。

由于作者水平有限，时间仓促，书中错漏之处在所难免，恳请各位专家学者和广大读者批评指正。

目　　录

第一章 土方工程

第一节 土方工程概述

一、土方工程施工流程

土方工程是土木工程的重要组成部分。土木工程施工是从基础施工开始的，基础施工通常是从土方或基础工程开始的。

土方工程施工应考虑建筑工程的性质、地质条件、周边环境、基础形式的不同，采取有针对性的施工技术措施。

对于没有桩基础及不需要做支护的基坑工程，土方工程施工流程比较简单，主要包括：场地平整→排（降）水→土方开挖→基础工程施工→土方回填。

对于基坑较深或有桩基的建筑工程，土方工程施工流程会受基坑支护、桩基础及地下室等工程施工制约，施工周期较长，施工流程一般为：场地平整→基坑支护或桩基础施工→排水及降水→土方开挖→基础或地下室工程施工（含防水等）→土方回填。

二、土方工程施工特点

土方工程施工比较复杂，受到多种因素影响，其施工特点表现为以下四个方面：

第一，施工条件复杂。土方工程施工一般为露天作业，土方开挖及回填受气候影响较大。施工时要考虑对周边建筑物、道路管网的影响。另外要考虑工程地质及水文地质情况、当地气象条件，在施工过程中可能遇见事先未预料到的情况，需要及时调整施工方法及措施。

第二，施工工期长。不论简单的工程还是复杂的工程，土方开挖及回填之间均须跨越基础工程施工阶段，因此土方工程施工总工期比较长，尤其是有多层地下室的工程，从土方开挖到土方回填可能需要几个月甚至半年以上的时间。

第三，工程量较大。目前，大多数建筑工程充分利用地下空间，地下室的面积及层数越来越多，因此土方工程量随之增大，土方量少则几千立方米，多则几万立方米。

第四，受非技术条件影响较大。大量的土方运输受运输通道的限制，同时城市管理、建设及特殊时期的环境保护要求均会影响土方的开挖及运输。

三、土的工建分类

土方工程施工难易程度及施工方法的选择除了考虑周边环境的要求，主要与土的成分、性质等关系密切。根据土的成分、性质等可以将土分成不同类型。

根据土的颗粒级配或塑性指数可以将土分为碎石土、砂土、粉土、黏性土和填土等，这是岩土工程学常采用的分类方式。

粒径大于 2mm 的颗粒质量超过总质量的 50% 的土为碎石土，根据颗粒形状及级配可进一步分为漂石、块石、卵石、碎石、圆砾和角砾。粒径大于 2mm 的颗粒质量不超过总质量的 50%，粒径大于 0.075mm 的颗粒质量超过总质量的 50% 的土为砂土，根据颗粒级配可进一步分为砾砂、粗砂、中砂、细砂、粉砂。粒径大于 0.075mm 的颗粒质量不超过总质量的 50% 且塑性指数（塑性指数指流限含水率与塑限含水率间的差值，一般用 I_P 表示）等于或小于 10 的土为粉土，塑性指数大于 10 的土为黏性土。其中塑性指数大于 10，且小于或等于 17 的土为粉质黏土，塑性指数大于 17 的土为黏土。

填土根据其物质组成和堆填方式可分为素填土、杂填土、冲填土和压实填土四类。素填土是由砂土、粉土或黏性土等一种或几种土质组成的，其中不含杂质或杂质很少的填土；杂填土是包含建筑垃圾、工业废料或生活垃圾等杂物的填土；冲填土是由水力冲填泥砂形成的填土。压实填土是经过分层压实（或夯实）的填土。

四、土的工程性质

土的工程性质影响土方工程施工方案的制订，以及解决地基处理等工程问题。与土方工程施工有关的几个基本物理量介绍如下：

（一）含水率

土的含水率是指土中水的质量与固体颗粒质量之比，以百分率表示，可按下式计算：

$$\omega = \frac{m_1 - m_2}{m_2} \times 100\% = \frac{m_w}{m_s} \times 100\% \qquad (1\text{-}1)$$

式中 m_1——含水状态时土的质量（kg）；

m_2——烘干后土的质量（kg）；

m_w——土中水的质量（kg）；

m_s——土中固体颗粒的质量（kg）。土的含水率随季节、气候条件和地下水的影响而变化，对土方开挖、基坑降水、边坡稳定及土方回填质量都会产生较大影响。

（二）土的密度

土在天然状态下单位体积的质量称为土的天然密度；单位体积中土的固体颗粒的质量

称为土的干密度，可分别按下式计算：

$$\rho = \frac{m}{V} \quad (1\text{-}2)$$

$$\rho_d = \frac{m_s}{V} \quad (1\text{-}3)$$

式中 m ——土在天然状态时的质量；

V ——土在天然状态时的体积。

（三）土的可松性

天然状态下的土经过开挖或扰动后，其体积因松散而增加，虽经回填压实但仍然不能完全恢复到原来的体积，土的这种性质称为土的可松性。

土的可松性用可松性系数表示，分为最初可松性系数（K_s，表示开挖扰动后的）和最终可松性系数（K_s'，表示开挖扰动后再次压实），可分别按下式计算：

$$K_s = \frac{V_2}{V_1} \quad (1\text{-}4)$$

$$K_s' = \frac{V_3}{V_1} \quad (1\text{-}5)$$

式中 V_1 ——土在天然状态下的体积（m^3）；

V_2 ——土经开挖后的松散体积（m^3）；

V_3 ——土经回填压实后的体积（m^3）。

由于土方工程量通常是按天然状态下的体积来计算的，而可松性系数的存在导致开挖后外运土方的体积比天然体积增大，从而影响土方开挖及运输机械数量的配备，以及场地平整、土方调配和土方回填工程量的计算。

土的可松性系数往往根据土的类型、构成等因素而有所差异，在确定可松性系数时应根据工程所在地的地质勘查资料及经验数据合理确定。

（四）土的渗透性

土的渗透性是指水流通过土中孔隙的难易程度，可用渗透系数表示。

渗透系数是指水在单位时间内穿透土层的能力，用 K 表示，单位为 m/d 或 cm/s。

当基坑开挖至地下水位以下时，地下水会不断渗出流入基坑。地下水在渗流过程中受到土颗粒的阻力，其大小与土的渗透性及渗流路径的长短有关。通过一维渗流试验可知，单位时间内流过土样的水量 Q 与水头差 ΔH 成正比，并与土样的横截面面积 A 成正比，而与渗流路径长度 L 成反比，此为著名的达西定律，见式（1-6）。

$$Q = K \frac{\Delta H}{L} A = VA = KIA \quad （1\text{-}6）$$

式中 Q ——单位时间内流过土样的水量（ m^3/d 或 cm^3/s ）；

K ——土的渗透系数（ m/d 或 cm/s ）；

ΔH ——水头差（ m 或 cm ）；

A ——土样的横截面面积（ m^2 ）；

L ——水的渗流路径长度（ m 或 cm ）；

I ——水力梯度（单位长度渗流路径所消耗的水头差）；

V ——渗流速度（单位时间内流过单位横截面面积的水量， $V = KI$ ）（ m/d 或 cm/s ）。

从式（1-6）可看出，土的渗透系数 K 就是水力梯度 I 等于 1 时的渗流速度。土的渗透系数对于土方工程施工过程中的降水、排水影响很大，降水、排水方案必须根据工程土的渗透系数合理确定。土的渗透系数与土的颗粒级配、密实程度等有关，一般由现场试验确定，也可以根据工程所在地各类土的渗透系数经验值确定，但误差较大。

第二节　场地平整

一、场地平整的要求

土木工程施工前应完成"三通一平"（水通、电通、路通，场地平整）的基本条件或"七通一平"（另加通信、燃气、网络、热力）的条件。

场地平整是通过人工或机械挖填平整将施工范围内的自然地面改造成施工或设计所需要的平面，以利现场平面布置和文明施工。场地平整的一般要求包括以下三个方面：

第一，场地平整应做好地面排水。场地平整的表面坡度应符合设计要求，如设计无要求时，一般应向排水沟方向做成不小于 0.2% 的坡度。场地平整应考虑最大雨水量期间，整个施工区域的排水，将办公区、生活区布置在较高点。

第二，平整后的场地表面平整度应符合施工要求。平整后的场地应满足重型施工机械如静压桩机的运输、行走要求，必要时铺设临时道路。

第三，场地平整要注意对测量控制点的保护。平面控制桩和水准控制点应采取可靠措施加以保护，定期复测和检查。

二、场地平整土方工程量计算

（一）场地平整高度的计算

场地平整高度是进行场地平整和土方工程量计算的依据，也是总体规划和竖向设计的依据。合理地确定场地设计标高，对减少土方工程量和加速工程进度均具有重要的意义。当场地平整高度为 H_2 时，挖、填土方工程量基本平衡，可将土方移挖作填；当场地平整高度为此时，填方大大超过挖方，则需要从场外取土回填；当场地平整高度为 H_2 时，挖方大大超过填方，则需要向场外弃土。因此，在确定场地平整高度时，应结合现场的具体条件进行比较，选择最优方案。

一般场地平整高度（设计标高）的选择原则是：在符合生产工艺和运输条件下，尽量利用地形，减少挖方数量；挖方与填方量应尽可能达到互相平衡，以降低土方运输费用；同时应考虑雨季洪水的影响等。

场地平整高度的计算分两个步骤：第一步计算场地设计标高初步值；第二步根据影响因素调整场地设计标高。

1. 计算场地设计标高初步值，场地设计标高计算一般采用方格网法。首先将地形图划分成边长 10～40m 的方格网，然后确定每个方格网的各角点标高。方格各角点标高一般可根据地形图上相邻两等高线的标高用插值法求得。若无地形图，可在方格网各角点打设木桩，然后用水准仪测出其标高。在施工场地方格网划分好后用白石灰撒上白线做出标记。

2. 根据影响因素调整场地设计标高，大型土方工程施工过程中，由于存在土的可松性及场地排水需要，所以须对上式计算的理论数值进行调整。一般土木工程施工项目可不做可松性调整。

（1）考虑土的可松性影响。理论计算是依据土方挖填平衡来计算场地设计标高的，但由于土的可松性使挖出的土方在回填时会有剩余，而剩余的土通常也会全部回填在场地内，导致场地设计标高有所提高。

（2）考虑泄水对场地设计标高的影响。由于场地平整过程中须设置一定泄水坡度，利于场地的雨污水及时排出。故场地内任一点实际施工时所采用的设计标高须根据泄水坡度进行调整。

（二）场地平整土方工程量计算的几种方法

土方工程量的计算实际上是用数学方法解决工程问题的一种近似计算。可采取的计算方式有以下几种：

1. 近似计算。利用数学近似来计算各种图形的面积、体积问题，规则图形就更为简单，不规则的可划分为规则图形来计算。

2. 查表法查相关的手册，基本图形的面积、体积均有给出。

3. 软件作图测量。目前 CAD 图及其他软件中画出图形后，均有面积和体积测量功能，可以直接求出。工程实践中在满足精度要求的条件下，简化的计算方法是比较方便的。

4.方格网法。当地形较平缓时，土方工程量的计算一般采用方格网法。方格网法计算过程比较复杂，但精度较高。当场地比较狭长时一般采用横断面法，如市政工程。本部分内容只对方格网法计算土方工程量进行介绍。采用方格网法计算土方工程量的步骤如下：

（1）划分方格网，计算方格各角点施工高度。将地形图划分成边长 10 ~ 40m 的方格网，用水准仪测出每个方格网的各角点标高，即自然地面标高，并标于方格网中相应角点的左下角。再将各角点的场地设计标高标注在方格网中相应角点的右下角。

（2）计算零点，确定"零线"在一个方格网内。同时有填方或挖方时，应先算出方格网边上的零点位置，即在该点土方不挖也不填，并标注于方格网上。将方格内两个零点连接起来即可确定填方区与挖方区的分界线，即"零线"。

（3）计算方格土方工程量。方格土方工程量可采用平均高度法或平均断面法计算。其中，平均高度法是以底面积乘以各角点的平均高度来近似计算，计算时如果偏差较大可以缩小方格网，可以使计算简化。在方格土方工程量计算时首先应根据各方格实际须挖填情况确定方格的底面类型，包括一点填方或挖方的三角形、二点填方或挖方的梯形、三点填方或挖方的五角形以及四点填方或挖方的正方形。

（4）计算边坡土方工程量。为保证土方施工安全，当土方开挖或回填高度较大时，其边缘均应做成一定的坡度，即为放坡。

放坡大小一般用放坡系数 m 表示，$m = b / h$。边坡坡度则用 $1 : m$ 表示。土方放坡系数是工程中常用到的一个重要概念。

边坡工程量常用图算法计算。图算法是根据地形图和边坡竖向布置图或现场测绘，将要计算的边坡划分为两种近似的几何形体，一种为三角棱锥，另一种为三角棱柱，然后应用几何公式分别进行土方计算，最后将各块汇总即得场地总挖土、填土的量的一种方法。因建筑工程场地平整的高度一般不大，通常不需要放坡，此处不再对边坡工程量计算公式进行介绍。

（5）计算土方总量。将挖方区（或填方区）所有方格的土方工程量及边坡土方工程量计算结果汇总，即得出该场地挖方和填方的总土方量。

三、场地平整土方调配

场地平整土方工程量计算完毕后需要进行场地内各方格之间挖、填土方之间的调配计算，并作为施工的依据。土方调配的内容包括确定挖、填土方的调配方向、数量和运距。土方调配合理与否，直接影响场地平整的施工工期和费用。

土方调配的原则有：力求达到挖方与填方基本平衡，总运输量最小，即挖、填方量与其运距的乘积最小；考虑近期施工与后期利用相结合。

对于大型土石方工程，需要进行土方调配的计算，可以用计算机来进行计算并优化。

第三节　排水与降水

一、排水与降水概述

施工过程中为避免场地内积水而影响施工，一般在地面上基坑四周设排水沟，防止地面水流入基坑。在没有采用井点降水的基坑里也可设排水沟，使周围的积水汇聚到排水沟后，经过沉淀处理再排至市政管网中。排水沟的横断面一般不小于500mm×500mm，纵向坡度一般为2%～3%。

当地下建筑物或基础位于地下水位以下时，为了保证施工的干作业，需要采取降水措施把施工区域的水位降低。降低地下水位的方法有重力降水法和强制降水法。其中，重力降水法是通过集水坑进行降水的；强制降水法包括轻型井点、管井井点、深井井点、电渗井点等降水方法。集水坑降水法和轻型井点降水法采用较普遍。

二、集水坑降水法

（一）集水坑降水法的含义

集水坑降水法是在基坑开挖过程中，在基坑底基础范围以外设置若干个集水坑，并在基坑底四周或中央开挖排水沟，使水在重力作用下经排水沟流入集水坑内，然后用水泵抽走的方法。

（二）集水坑的设置

集水坑应设置在基础范围以外，一般沿基坑四周设置，优先在基坑四个角设置。集水坑的间距根据地下水量大小、基坑平面形状及水泵的抽水能力等确定。一般每隔20～40m设置一个。直径或宽度一般为0.6～0.8m。其深度随着挖土深度逐渐加深，并应经常低于挖土面0.7～1.0m。当基坑挖至设计标高后，集水坑底应低于基坑底面1.0～2.0m，坑底铺设碎石滤水层（不小于0.3m）或砾石与粗砂层，以免抽水时将泥砂抽出，坑底土被扰动。

（三）集水坑降水法的适用条件

集水坑降水法适用于降水深度不大，水流较大的粗粒土层的降水，也可用于渗水量较小的黏性土层。不适宜于细砂土和粉砂土层（该土层易发生流砂现象）降水。

（四）流砂产生原因及防治方法

1. 流砂的概念

当基坑（槽）挖到地下水位以下，而土质又是细砂或粉砂时，因水压力产生水流动，则基坑（槽）底下面的土会形成流动状态，并随地下水涌入基坑，这种现象称为流砂。

2. 流砂产生的原因

水在土中渗流对土体产生动水压力 G_D，其方向与水流方向一致。当水流方向向下时动水压力向下，与土的重力方向一致，土体趋于稳定。当抽水水流方向向上时动水压力向上，这时土颗粒不但受到水的浮力作用，还受到向上的动水压力作用，当动水压力大于或等于土的浸水容重时，土粒失去自重而处于悬浮状态，土将随着渗流的水一起流动进入基坑，发生流砂现象。

实践表明，对于易发生流砂的细砂、粉砂土质，若基坑挖深超过地下水位线 0.5m，就有可能发生流砂现象。地下水位越高，基坑内外的水位差越大，动水压力就越大，就越容易发生流砂现象。在粗大砂砾中，因孔隙较大，水在其间流过时阻力小，动水压力也小，不易出现流砂现象。在黏性土中时，由于土粒间黏结力较大，也不易发生流砂现象。

此外，当基坑坑底位于不透水层内，而不透水层下面为承压含水层，坑底不透水层的覆盖厚度的重力小于承压水的顶托力时，基坑底部即可能发生管涌冒砂现象。另一种与流砂相近的现象是管涌，在渗透水流作用下，土中的细颗粒在粗颗粒形成的孔隙中移动，逐渐流失；随着土的孔隙不断扩大，渗透速度不断增加，较粗的颗粒也相继被水流逐渐带走，最终导致土体内形成贯通的渗流管道，造成土体塌陷，这种现象称为管涌。可见，管涌破坏一般有个时间发展过程，是一种渐进性质的破坏。

发生流砂现象时，土完全丧失承载力，边挖边冒，基坑难以挖到设计深度，严重时会引起基坑边坡塌方，如果附近有建筑物，会因地基被掏空而使建筑物下沉、倾斜甚至倒塌。

3. 流砂的防治

流砂现象对土方施工和附近建筑物的危害很大，在施工过程中应尽量避免发生流砂现象。

防治流砂的原则是"治流砂必先治水"。防治的主要途径是消除、减小或平衡动水压力，截断地下水流等。具体措施有：

（1）枯水期施工。枯水期地下水位较低，基坑内外水位差小，使最高地下水位不高于坑底 0.5m，则动水压力不大，就不易产生流砂。

（2）水下挖土。即不抽水或减少抽水，保持坑内水压与地下水压基本平衡，流砂无从发生。

（3）抢挖并抛大体积石块法。采取分段抢挖施工，使挖土速度超过冒砂速度，挖至设计标高后抛大石块压住流砂，平衡动水压力。此法可解决局部或轻微的流砂，如果坑底冒砂较快，土已丧失承载能力，该方法无法阻止流砂现象。

（4）人工降低地下水位。采用井点降水法使地下水位降低至基坑底面以下，地下水的渗流向下改变水流方向，则动水压力的方向也向下，增大了土颗粒间的压力，从而有效防止流砂发生。

（5）设止水帷幕。在基坑周边设置地下连续墙、深层搅拌桩、钢板桩等连续的止水支护结构，或采用冻结法，形成封闭的止水帷幕，从而使地下水只能从支护结构下端向基坑渗流，增加水的渗流路径，减小水力梯度，从而减小动水压力，防止流砂产生。

三、井点降水法

井点降水法即人工降低地下水位法，是指在基坑开挖前，在基坑四周预先埋设一定数量的滤水管（井），在基坑开挖前和开挖过程中，利用抽水设备不断抽出地下水，使地下水位降到坑底以下并稳定后才开挖基坑，直至土方和基础工程施工结束为止。

井点降水法可分为轻型井点、喷射井点、电渗井点、管井井点、深井井点等。

1. 轻型井点降水

沿基坑周围或一侧每隔一定间距将井点管（下端为滤管）埋入含水层内，井点管上部通过弯联管与总管连接，利用抽水设备将地下水从井点管内不断抽出，使原有地下水位降至坑底面以下。

2. 喷射井点降水

喷射井管由内管和外管组成，在内管下端装设特制的喷射器与滤管相连，用高压水泵或空气压缩机通过井点管中的内管向喷射器输入高压水（喷水井点）或压缩空气（喷气井点）形成水气射流，将地下水经井点外管与内管之间的环形空间抽出排走。

3. 电渗井点降水

利用井点管（轻型或喷射井点管）本身作阴极，沿基坑外围布置，以钢管（ϕ 50 ~ ϕ 5mm）或钢筋（ϕ 25mm 以上）做阳极，垂直埋设在井点内侧，阴阳极分别用电线连接成通路，并对阳极施加强直流电电流。应用电压比降使带负电的土粒向阳极移动（即电泳作用），带正电荷的孔隙水则向阴极方向集中产生电渗现象。在电渗与真空的双重作用下，强制黏土中的水在井点管附近积聚，由井点管快速排出，使井点管连续抽水，地下水位逐渐降低。而电极间的土层则形成电帷幕，由于电场作用从而阻止地下水从四面流入坑内。

4.管井井点降水

沿基坑每隔一定距离设置一个管井，每个管井单独用一台水泵不间断抽水，从而降低地下水位。

5.深井井点降水

在深基坑的周围埋置深于基底的管井，使地下水通过设置在管井内的潜水泵将地下水抽出，使地下水位低于坑底。轻型井点及管井进点（包括深井井点）是施工中常采用的降水方法。

第四节　土方开挖及回填

一、土方开挖

（一）土方开挖方式

土方开挖方式包括人工挖土和机械挖土两类。机械挖土效率高、工期短、成本低，是目前土方开挖采用的主要方式。人工挖土生产率低、劳动繁重，在土方开挖过程中一般用于坑底 200 ~ 300mm 范围内为防止机械扰动原土，采取人工清土，或者用于基础边角等机械不便操作的位置的土方开挖。

（二）边坡失稳

土方边坡的稳定主要是依靠土体内土颗粒间存在的摩擦力和黏结力使土体具有一定的抗剪强度。若土体失稳，则会沿着滑动面整体滑动（滑坡）。为保证边坡稳定，应使土的下滑力小于土颗粒间的摩擦力和黏结力之和。黏性土既有摩擦力又有黏结力，土的抗剪强度较高，土体不易失稳。砂性土只有摩擦力而无黏结力，抗剪强度较差。

土方开挖过程中由于基础层内土质分布情况发生变化及外界因素影响，造成土体内的抗剪强度降低或剪应力增加，使土体中的剪应力超过其抗剪强度而引起边坡失稳。边坡失稳的常见情形有：

1.边坡过陡，土体稳定性不够。

2.雨水、地下水渗入坑壁，土体泡软、重力增大及抗剪能力降低造成塌方。

3. 基坑上边缘附近大量堆土、放置料具或有动荷载作用，使土体中的剪应力超过土体抗剪强度。

4. 土方开挖顺序、方法不当，未遵守"分层、分段开挖，先撑后挖"的原则。

（三）土方开挖施工注意要点

1. 做好施工准备工作

土方开挖前，应编制详细的土方开挖方案，危险性较大的基坑工程应制订应急方案和措施。

土方开挖前通过查阅档案、现场调查和人工勘探的方法了解地下管线和设施分布情况，开挖过程中做好地下设施的保护工作。如发现文物或古墓，应立即妥善保护并及时报请当地有关部门，待妥善处理后方可继续施工。

土方开挖时为保持坑（槽）壁的稳定，应合理确定放坡坡度。但当土质较好、开挖深度不大时，土方开挖时可不放坡。

放坡开挖是一种最简单的基础土方开挖方法，优点是施工速度快，成本低；缺点是周边场地要空旷，为放坡开挖提供工作面，且开挖和回填土方工程量大。

2. 分层、分段开挖，严禁超挖

土方开挖时应根据基础平面形状、尺寸、开挖深度等确定土方开挖的施工段数量。当平面尺寸较大时，可以根据投入的挖掘机械数量确定多个施工段，每个施工段可以同时开挖作业，以加快施工进度。当平面尺寸不大时，可不分施工段，但应合理确定土方开挖的顺序和流向，以便于后续基础工程的施工。当开挖深度较大时，应合理确定每层开挖深度，并配合进行基坑支护，每挖一层支护一层，以保证基坑侧壁的稳定。

深基坑工程挖土可采用中心岛式（也称为墩式）挖土、盆式挖土。中心岛式挖土：即先挖去基坑四周的土。优点是四周可以先为基坑支护作业留出工作面，如土钉、锚杆施工等，中间部分可以临时作为施工场地。盆式挖土：先挖除基坑中心的土方。优点是可以不受基坑支护的影响，先进行土方开挖和运输。所谓中心岛式开挖与盆式开挖，只不过是根据现场条件及设计要求，综合考虑土方施工进度和施工作业面而采用的不同挖土顺序而已。

土方开挖时严禁扰动地基土而破坏土体结构，降低其承载力。基坑侧壁也同样不得超挖，否则会破损支护结构引起事故。采用机械挖土时，应在基底标高以上保留一定厚度的土层不挖，待基础施工前由人工配合挖土。保留人工开挖的深度应根据所使用的挖掘机械或根据设计规定确定。采用人工挖土时，若基础开挖后不能立即进行下道工序，也应保留一定厚度土层不挖，待下道工序开始前再挖至设计标高。

土方开挖时挖掘机械要注意避免碰撞结构桩，防止撞击力过大造成结构桩发生位移或倾斜。挖土期间挖土机离边坡应有一定的安全距离，以免塌方造成事故。

土方开挖至坑底后应留有基础施工操作面，并做好坑底排水，做到基坑内不积水，便于下道工序施工。特别要注意控制相邻开挖段的土方高差，防止因土方高差过大产生塌方。

3. 留设坡道

挖土机的进出口通道，应铺设路基，以减轻路面压力，必要时局部加固处理。基坑开挖时，两台挖土机应保持一定间距，挖土机工作范围内，不允许进行其他作业。

挖土时需要满足运输车辆行走的要求，特别是深基坑时，要留设好坡道，必要时坡道需要专门铺设碎石或防滑钢板，并考虑基坑底部最后一部分土方及坡道部分土方的开挖及运输方法。

4. 基坑的时空效应及变形监测

基坑开挖后，上部土方被挖掉，等于是给基底及侧壁土方卸荷，打破了原有的荷载平衡，使土方产生应力释放，导致土方变形，此即时空效应。土方开挖时，可以适当加快土方开挖速度，减小时空效应，有利于围护结构和土体的稳定。因此，坑槽开挖后应减少暴露时间，立即进行基础或地下结构的施工。并防止地基土浸水，在基坑开挖过程中和开挖后，应保证降水工作正常进行。

基坑开挖阶段，不得在基坑四周附近任意堆土或放置其他重物。基坑开挖应严格按要求放坡，操作时应注意土壁的变化情况，如发生裂缝及部分塌方现象，应及时进行加固或放坡处理，做好基坑工程的监测和控制，做好对周围环境的保护工作。当基坑开挖较深，周边有市政管线及建筑物时，对周边建筑及地下管线的监测与保护就显得尤为重要。

通过围护结构和周围环境的观测，能随时掌握土层和围护结构内力的变化情况，以及邻近基础、地下管线和道路的变化情况，将观测值与设计计算值进行对比和分析，随时采取必要的措施，保证在不造成危害的条件下安全地进行施工。重点监测的内容包括：基坑内外地下水位的下降；围护结构顶部的沉降及水平位移；邻近基础沉降；路面沉降；地下管线沉降与位移。围护结构、周边环境的监测应根据设计要求频率按时进行监测。在发现沉降、位移或变形的速率有明显加快的趋势时，应提高监测频率。

5. 应急方案及意外处理

基坑开挖是风险性较大的工程，施工过程中可能会遇到各种意外情况，施工时应制定应急措施。主要可能发生的情况有：边坡塌方、局部涌水、围护结构漏水、周围环境沉降和位移过大等。

基坑开挖过程中安排专人巡视，发现异常现象应立即采取措施进行加固处理。以确保周围建筑、道路及地下管线的安全。

（四）基坑（槽）验槽

基坑（槽）验槽重点是针对天然地基，采用桩基时，不是重点要求内容。

基础土方开挖至设计标高后，施工单位应会同勘察、设计、监理及建设单位共同进行验槽，合格后方能进行基础工程施工。验槽方法通常为观察法和钎探法。

1. 观察法

观察法主要检查内容有：

（1）基坑（槽）的位置、平面尺寸、坑（槽）底标高等，边坡是否符合设计要求。

（2）坑（槽）壁、底土质类别，均匀程度是否与勘察报告相符。

（3）土的含水率有无异常现象等。

验槽的重点部位是柱基、墙角、承重墙下或其他受力较大的部位。在验槽过程中，若发现与设计或勘察资料不符的情况，应会同勘察、设计单位共同研究处理方案。

2. 钎探法

钎探法是指用锤将钢钎（采用直径22～25mm的钢筋制成，长2.1～2.6m）打入坑（槽）底以下土层一定深度，记录每贯入30cm深度的锤击次数，根据其锤击次数和入土难易程度判断土的软硬情况及有无墓穴、枯井和软弱下卧层等。通过钎探可以确定地基承载力、基底土层等是否与勘察资料相符。

钎探点一般按纵横间距1.5m以梅花形布设。打钎时，同一工程应钎径、锤重、落距一致，打钎深度为2.1m。打钎完成后，要从上而下逐步分析钎探记录情况，再横向分析各钎点之间的锤击次数，对锤击次数过多或过少的钎点须进行重点检查。钎探后的孔要用砂填实。

（五）土方开挖机械

土方开挖常用的机械设备有推土机、铲运机、正铲挖掘机、反铲挖掘机、拉铲挖掘机、抓铲挖掘机、装载机等。

1. 推土机

推土机操作灵活，运转方便，所需工作面小，可挖土、运土，易于转移，行驶速度快，应用广泛。其适用范围：

（1）推一至四类土。

（2）场地平整。

（3）短距离移挖作填，回填基坑（槽）、管沟并压实。

（4）开挖深度不大于1.5m的基坑（槽）。

2. 铲运机

铲运机操作简单灵活，不受地形限制，不需特设道路，准备工作简单，能独立工作，不需其他机械配合能完成铲土、运土、卸土、填筑等工序，行驶速度快，易于转移；生产效率高。其适用范围：

（1）含水率较低的一至四类土。

（2）大面积场地平整、压实。

（3）运距800m内的挖运土方。

（4）开挖大型基坑（槽）、管沟，填筑路基等。但不适于砾石层、冻土地带及沼泽地区使用。

3. 正铲挖掘机

正铲挖掘机装车轻便灵活，回转速度快，移位方便；能挖掘坚硬土层，易控制开挖尺寸，挖掘力大，工作效率高。作业特点：前进向上，强制切土。其适用范围：

（1）开挖停机坪以上含水率不大的一至四类土。

（2）经爆破后的岩石与冻土碎块。

（3）大型场地整平土方。

4. 反铲挖掘机

反铲挖掘机操作灵活，挖土、卸土均在地面上作业。作业特点：后退向下，强制切土。其适用范围：

（1）开挖停机坪以下的一至三类的砂土或黏土。

（2）管沟和基槽挖土。

（3）独立基坑挖土。

（4）边坡挖土。

5. 拉铲挖掘机

拉铲挖掘机由钢丝绳牵拉，灵活性较差，工作效率不高，不能挖掘坚硬土；可以装在简易机械上工作，使用方便。作业特点：后退向下，自重切土。其适用范围：

（1）土质比较松软，施工面较狭窄的深基坑、基槽、深井或淤泥等一、二类土。

（2）水中挖取土，清理河床。

（3）桥基、桩孔挖土。

（4）装卸散装材料。

6. 抓铲挖掘机

抓铲挖掘机挖掘半径及卸载半径大，操纵灵活性较差。作业特点：直上直下，强制切土。其适用范围：

（1）开挖较深较大的基坑（槽）、管沟一至三类土。

（2）填筑路基、堤坝。

（3）挖掘河床。

（4）不排水挖取水中泥土。

7. 装载机

装载机可广泛用于土木工程施工的土石方施工作业，它的主要作用是铲装土、砂石等散状物料，也可对硬土等做轻度铲挖作业，还可进行推运土、刮平地面和牵引其他机械等作业。由于装载机具有作业速度快、效率高、操作轻便等特点，因此它成为工程建设中土石方施工的主要机种之一。

二、土方回填

（一）回填前基底处理

1. 清除基底上杂物，排除积水，并应采取措施防止地表水流入填方区浸泡地基，造成基土下陷。

2. 当基底为耕植土或松土时应将基底做清理或充分夯实、碾压密实。

3. 当填土场地地面陡于 1/5 时，应先将斜坡挖成阶梯形，阶高 0.2～0.3m，阶宽大于 1m，然后分层填土，以防止填土发生滑移。

（二）土方回填材料的要求

土方回填材料的选择对回填土的密实度影响很大，应符合下列规定：

1. 采用级配良好的砂土或碎石土、级配砂石。

2. 以黏土、粉质土等作为填料时，其含水率宜为最优含水率，含水率大的黏土不宜做填土用。经验判别方法是：土料以手握成团，落地开花为适宜。当含水率过大，应采取翻松、晾干、换土回填、掺入干土或其他吸水性材料等措施。若土料过干，则应预先洒水润湿。

3. 符合要求的建筑垃圾再生料、爆破石渣可作表层以下填料，其最大粒径不得超过每层铺垫厚度的 2/3。

4. 淤泥、冻土、膨胀土以及有机质含量大于 5% 的土不得作为填方土料。

（三）土方回填方法及施工要求

土方回填应分层进行，每层厚度应根据压实方法确定。若填方中采用不同透水性的填料填筑，必须将透水性较大的土层置于透水性较小的土层之下。每层填土压实质量合格后方可进行下一回填层施工。土方回填施工一般要求如下：

1. 尽量采用同类土填筑，控制土的含水率在最优含水率范围内，保证上、下层接合良好。

2. 填土从最低处开始，由下向上整个宽度分层铺填碾压或夯实；在地形起伏之处，做好接搓，修筑 1∶2 阶梯形边坡，每台阶可取高 50cm、宽 100cm。接缝部位不得在基础、墙角、柱墩等重要部位。

3. 回填管沟时，应人工先在管子周围填土夯实，并从管道两边同时进行直至管顶 0.5m 以上。在不损坏管道的情况下，方可采用机械填土回填夯实。

4. 填土应预留一定的下沉高度，以备在干湿交替等自然因素作用下，土体逐渐沉落密实。

（四）土方回填压实方法

土方回填应根据工程特点、施工条件和设计要求等选择合适的压实方法，确保回填土的压实质量。土方回填的压实方法一般有碾压法、夯实法和振动压实法等。

1. 碾压法

碾压法是利用沿着土的表面滚动的鼓筒或轮子的压力在短时间内对土体产生作用，在压实过程中，作用力保持不变。碾压机械有平碾（压路机）、振动碾、羊足碾等。碾压机械进行大面积填方碾压，宜采用"薄填、慢驶、多遍"的方法，从填土区两侧逐渐压向中心。

平碾（压路机）适用于薄层填土或表面压实、平整场地、修筑堤坝及道路工程。振动碾使土同时受到振动和碾压，压实效率高，适用于填料为爆破石渣、碎石类土、杂填土或粉土的大型填方工程。羊足碾需要较大牵引力，与土接触面积小，单位面积压力比较大，适用于压实黏性土。

2. 夯实法

夯实法是利用夯锤自由落下的冲击力使土颗粒重新排列而压实填土，其作用力为瞬时冲击动力。夯实机械主要有蛙式打夯机、夯锤等。

蛙式打夯机体积小、质量轻、操纵方便、夯击能量大，在建筑工程上使用很广，缺点是劳动强度较大，适用于黏性较低的土（砂土、粉土、粉质黏土）、基坑（槽）、管沟及边角部位的填方的夯实。夯锤夯实法是借助起吊设备将重锤提升至 4～6m 高处使其自由下落，对基坑（槽）内预留的一定厚度的表层土进行夯击。在同一夯位夯击 8～12 次，可获得 1～2m 的有效夯实深度。锤重一般为 2～3t，锤底直径为 1.0～1.5m。夯锤适用于夯实砂性土、湿陷性黄土、杂填土以及黏性土等。

3. 振动压实法

振动压实法是将振动机械置于地基表面进行一定时间的振动，利用其激振力在土中产生的剪切压密作用使一定深度内的土相对移位而达到密实。该方法操作简单，但振实深度有限。振动压实法适用于处理砂性土及松散性杂填土（炉灰、炉渣、碎砖、瓦等）、小面积黏性土薄层回填土振实、较大面积砂土的回填振实以及薄层砂卵石、碎石垫层的振实。

（五）填土压实的影响因素

填土压实的影响因素很多，其中，最主要的有压实功、土的含水率、每层铺土厚度和压实遍数。

1. 压实功的影响

填土压实后的密度与压实机械在其上所施加的功有一定的关系。

压实功主要指压实工具的质量、锤落高度、碾压遍数、作用时间等。当土的含水率不变时，在开始压实时，土的密度急剧增加，待接近土的最大密度时，压实功虽然增加很多，土的密度则几乎没有变化。

2. 含水率的影响

在压实力不变的情况下，填土含水率的大小直接影响碾压（或夯实）遍数和质量。较为干燥的土由于摩擦力较大，而不易压实。当土具有适当含水率时，土的颗粒之间因水的润滑作用使摩擦力减小，在同样压实功作用下，得到最大的密实度，这时土的含水率称为最佳含水率。当含水率超过一定限度时，土料孔隙会由于充满水而呈饱和状态，压实机械所施加的外力有一部分为水所承受，不能使填土达到良好的密实度。

3. 铺土厚度及压实遍数的影响

在压实功作用下土中的应力随深度增加而逐渐减小。压实影响深度与土的性质和含水率等因素有关。其压实作用也随土层深度的增加而逐渐减小，超过一定深度后，即使继续施加压实功，土的密实度也基本不变。因此，每层回填时的铺土厚度应合理确定，过厚则压实遍数须增多而且效果不好，过薄则效率过低。土方达到规定密实度所需的压实遍数、铺土厚度等应根据土质和压实机械所在施工现场确定。

第五节　基坑支护

土方开挖时，如果土质和施工场地允许，采用放坡开挖的方式往往是比较经济的。但在建筑物密集地区施工，没有足够的场地进行放坡，或由于开挖深度太大而导致放坡开挖的土方量过大，此时需要采用基坑支护措施以减少土方开挖对周边已有建筑物的不利影响，保证施工的顺利进行。

一、基坑支护施工方案要求

基坑支护工程达到一定深度要求时应编制专项施工方案，具体要求如下：

1. 开挖深度超过3m（含3m）或虽未超过3m，但地质条件和周边环境复杂的基坑（槽）支护、降水工程应编制专项施工方案，经监理单位和建设单位审批后方可实施。

2. 开挖深度超过5m（含5m）的基坑（槽）的支护、降水工程，或开挖深度虽未超过5m，但地质条件、周围环境和地下管线复杂，或影响毗邻建筑（构筑）物安全的基坑（槽）的支护、降水工程应编制专项施工方案，且经专家论证通过后方可实施。

二、基坑支护结构类型

基坑支护结构必须安全可靠，经济合理。基坑支护结构类型应根据挖土深度、土质条件、地下水位、施工方法等情况进行选择。

（一）重力式支护结构

l. 水泥土搅拌桩

水泥土搅拌桩是用搅拌机械在地面以下将土和水泥等固化剂强制搅拌，使软土硬结形成连续搭接的具有整体性、水稳定性和一定强度的水泥土柱状加固体。

水泥土搅拌桩能够提高地基承载力，并减小地基沉降，可用于进行地基加固。同时水泥土搅拌桩可利用自身重力挡土，可作为软土层基坑开挖的支护结构，是加固饱和黏性土地基的常用方法。水泥土搅拌桩的水泥掺量根据设计确定，水泥土强度可达0.8～1.2MPa，连续搭接的水泥土搅拌桩渗透系数很小，抗渗性能好，是目前作为基坑止水帷幕的主要方法。单纯的水泥土搅拌桩作为支护能力较弱，主要适用于深度不大的基坑，以4～6m深的基坑支护为宜。

水泥土搅拌桩排列的宽度一般取开挖深度的0.6～0.8倍，基坑底面以下的嵌固深度宜取开挖深度的 0.8 ~ 1.0 倍。根据桩的排列，水泥土搅拌桩平面布置可分为壁式（单排或双排桩）、格栅式、实体式（三排或三排以上桩）。

水泥土搅拌桩施工重点应保证固化剂与土的混合物搅拌充分，达到较高的强度，可采用"两喷两搅"或"两喷三搅"工艺。水泥掺量较小、土质较松时可采用前者，反之可采用后者。"两喷两搅"的工艺流程是：桩机就位→第一次搅拌下沉→第一次提升、喷浆→第二次搅拌下沉→第二次提升、喷浆→清洗桩机、移位。

2. 高压旋喷桩

高压旋喷桩是将带有特殊喷嘴的注浆管钻进到预定深度，然后利用高压泥浆泵使浆液以高速喷射冲切土体，使射入的浆液和土体混合，经过凝结硬化，在地基中形成比较均匀、连续搭接且具有高强度的水泥加固体。

加固体的形式和喷射移动方式有关，若喷嘴以一定转速旋转、提升时，则形成圆柱状的桩体；若喷嘴只是提升不旋转，则形成壁状加固体。

高压旋喷桩施工根据工程需要和土质条件可分别采用单管法、双管法和三管法。单管旋喷注浆法是利用钻机把安装在注浆管（单管）底部侧面的特殊喷嘴置入土层预定深度后，用高压泥浆泵等装置把浆液从喷嘴中喷射出去，使浆液与土体搅拌混合形成水泥加固体。双管法使用双通道的二重注浆管。当二重注浆管钻到预定深度后，通过在管底部侧面的一个同轴双重喷嘴同时喷射出高压泥浆和空气两种介质的喷射流冲击破坏土体，在高压浆液和外圈环绕气流的共同作用下增大加固体的体积。三管法是使用三通道分别输送水、空气和浆液，以高压泵等高压发生装置产生高压水喷射流，环绕圆筒状气流进行高压水喷射和气流同轴喷射冲切土体，形成较大的空隙，再由泥浆泵注入浆液填充凝结为较大的加固体。

高压旋喷桩受土层等影响较小，可广泛适用于淤泥、软弱黏性土、砂土甚至砂卵石等多种土质，能够提高地基承载力、减少建筑物不均匀沉降，也能够对基坑起到支护作用和抗渗作用。高压旋喷桩施工工艺流程是：桩机就位→制浆→钻孔→插注浆管→喷浆→边旋喷边提升→清洗→桩机移位。当喷射注浆管贯入土中，喷嘴达到设计标高时即可喷射注浆。喷浆时应先达到预定的喷射压力，喷浆旋转 30s，水泥浆与桩端土充分搅拌后再边喷浆边反向匀速旋转提升注浆管，直至设计标高停止喷浆。在桩顶原位转动 2min，保证桩顶密实均匀。喷射施工完成后应把注浆管等机具设备采用清水冲洗干净，防止凝固堵塞。

3. 加筋水泥土桩（SMW 工法）

加筋水泥土桩（SMW 工法——Soil Mixing Wall）也称为新型水泥土搅拌桩，是利用专门的多轴搅拌机就地钻进地基切削土体，同时在钻头端部将水泥浆液注入土体，经充分搅拌混合及重叠搭接施工形成水泥土混合体，在水泥土混合体未结硬前再将 H 型钢（也可以采用拉森式钢板桩或钢管等其他型材）插入搅拌桩体内，形成具有一定强度和刚度的、连续完整的、无接缝的地下连续墙体。

H 型钢承受土侧压力能力强，加筋水泥土桩能够将承受荷载与防渗挡水结合起来，成为同时具有受力与抗渗两种功能的支护结构，能用于较深（一般不大于 10m）的基坑支护结构，适合于以黏土和粉细砂为主的松软地层。

H 型钢水泥土搅拌桩支护结构的施工关键在于搅拌桩制作，以及H型钢的制作和打拔。

（1）搅拌桩制作与常规搅拌桩比较要特别注意桩的间距和垂直度。施工垂直度应小于 1%，以保证型钢顺利插入和拔出，保证墙体的防渗性能。

（2）型钢的制作、插入与起拔。工字钢对接一般采用内菱形接桩法。型钢表面应进行除锈，并在干燥条件下涂抹减摩剂，搬运使用时应防止碰撞和强力擦挤。型钢应在水泥土初凝前插入。插入前应校正位置，设立导向装置，以保证垂直度小于 1%。插入过程中必须吊直型钢，尽量靠自重压沉。若压沉无法到位，再开启振动下沉至标高。型钢回收时采用 2 台液压千斤顶组成的起拔器夹持型钢顶升使其松动，然后利用振动方式将 H 型钢拔出，边拔型钢边向孔内注浆填充。

（二）非重力式支护结构

1. 钢板桩

钢板桩由带锁口的热轧型钢制成，把这种钢板桩互相连接打入地下形成连续钢板桩墙，既挡土又挡水。施工时先把钢板桩打入地下再挖土。钢板桩可多次重复使用，打设方便，承载力高。钢板桩适用于软弱地基、地下水位较高、水量较多的深基坑支护结构，但在砂砾及密实砂土中施工困难。

根据截面形式可将钢板桩分为一字形（或称为平板桩）、波浪形（如带有互锁的"拉森"板桩）、Z 字形和组合型等。建筑工程中常用前两种。一字形钢板桩容易打入地下，挡水和承受轴向力的性能良好，但长轴方向抗弯能力较小。波浪形钢板桩挡水和抗弯性能都较好，并可根据需要焊接成所需长度。当基坑深度较大时可以考虑使用后两种形式的钢板桩。

根据有无锚板可将钢板桩分为无锚板桩和有锚板桩。无锚板桩即为悬臂式板桩，依靠入土部分的土压力来维持板桩的稳定。它对土的性质、荷载大小等较为敏感，一般悬臂长度不大于 5m。有锚板桩是在板桩上部用拉锚或顶撑加以固定，以提高板桩的支护能力。

钢板桩在基础施工完毕后可拔出重复使用。

2. 钻孔灌注桩

钻孔灌注桩是利用钻孔机械钻出桩孔，并在孔中浇筑混凝土而成的桩。钻孔灌注桩施工无噪声、无振动、无挤土，刚度大，抗弯能力强，变形较小，多用于基坑坑深 7～15m 的基坑工程。灌注桩之间主要通过桩顶压梁及中间位置的腰梁连成整体，因而相对整体性较差。

3. 地下连续墙

地下连续墙是利用各种挖槽机械在地下挖出窄而深的沟槽，借助于泥浆的护壁作用，在槽内吊放入钢筋笼后，并用导管法浇注混凝土而形成的一道具有防渗（水）、挡土和承重功能的连续的地下墙体。地下连续墙须分段施工，每个单元槽段采用特殊的接头方式连接。

地下连续墙具有以下优点：可在各种土质条件下施工；施工时无振动、噪声低、不挤土，除产生较多泥浆外，对环境影响很小；可在建筑物、构筑物密集地区施工，对邻近结构和地下设施基本无影响；墙体的抗渗性能好，能抵挡较高的地下水压力；可以兼作地下室结构外墙，实现"两墙合一"。

4. 土层锚杆

土层锚杆是一种设置于钻孔内、端部伸入稳定土层中的钢筋或钢绞线与孔内注浆体组成的受拉杆体，它一端与工程构筑物相连，另一端锚固在土层中，通常对其施加预应力，以承受由土压力、水压力或风荷载等所产生的拉力，用以维护构筑物的稳定。支护结构和其他结构所承受的荷载通过拉杆传递到土层中的锚固体，再由锚固体将传来的荷载分散到周围稳定的土层中去。

锚头由锚具、台座、横梁等组成。自由段由锚筋、隔离套及水泥砂浆组成。隔离套的作用是使锚筋与水泥砂浆隔离开，保证锚筋在自由段部分能自由延伸，不影响锚固段的锚固能力。锚固段由锚筋、水泥砂浆锚体等组成。锚固段的作用是用水泥砂浆将锚筋与土体粘结在一起形成锚杆的锚固体。锚固段可设计成圆柱形、端部扩大头形或连续球体形三类。其中端部扩大头形适用于锚固于砂质土、硬黏土层，且要求较高承载力的锚杆。连续球体形适用于锚固于淤泥、淤泥质土层，且要求较高承载力的锚杆。土层锚杆施工工艺流程如下：钻孔→安放锚筋及注浆管→灌浆→养护→放置锚具等→张拉锚筋。

锚筋主要有钢管、粗钢筋、钢丝束和钢绞线。承载力小时用粗钢筋，承载力大时用钢丝束或钢绞线。自由段锚筋可采用涂润滑油或防腐漆，再在其外面包裹塑料布或塑料管的方法进行防腐及隔离处理。

灌浆的作用是形成锚固段，防止锚筋腐蚀，填充土层中的孔隙和裂缝等。灌浆的浆液为水泥浆或水泥砂浆。灌浆前应将钻管口封闭，接上压浆开关即可灌浆浇筑锚固体。土层锚杆灌浆后待锚固体强度达到设计强度的75%时方可进行张拉。锚杆张拉控制应力不应超过锚杆杆体强度标准值的75%。

5. 土钉墙

（1）钢筋土钉

钢筋土钉采用较粗直径钢筋，每隔1.5m用φ6mm钢筋制成托架，注浆管与钢筋用钢线扎紧。土钉倾角5～10°，土钉注浆材料为水泥净浆，浆体标准强度不小于20MPa，水灰比 0.45 ~ 0.55，水泥浆应随拌随用。

钢筋土钉采用洛阳铲成孔。成孔前应按设计要求确定孔位和倾角，并做好标记和编号。施工过程中做好记录，成孔过程中若遭遇局部渗水塌孔或掉落松土应及时处理。成孔后及时分批组织验收，合格后进入下道工序。土钉制作时须确保托架位置正确，保证钢筋处于孔中央，注浆管与土钉临时用钢线绑好，成孔后及时下锚。

注浆使用纯水泥浆，用注浆泵注浆，注浆压力为 0.2 ~ 0.4MPa，注浆时将注浆管插至距孔底 300mm 处开始注浆，浆液沿浆管从孔底注入，置换出泥浆和积水，至孔口流出新浆时，安好止浆塞，加压注浆并缓慢将注浆管拔出，完全拔出注浆管前须稳压 3 ~ 5min。钢筋土钉适用于透水性较弱的土层。

（2）钢管土钉

钢管土钉采用 φ8mm×3.0mm 钢管，管端制成桩尖状，管身设注浆孔，管端设倒刺环，开孔处设角钢短刺。钢花管不开孔部分的长度为其总长的1/3，沿管内注入纯水泥浆。

钢管土铆制作用台钻每隔 500mm 钻对开 φ10mm 小孔，前端制成尖状并焊接牢固，在管端小孔处设置倒刺环，倒刺环用 50mm 长 30mm×30mm 角钢制成，紧贴管壁焊接。

钢花管用自制滑轨架和重力滑动锤击入土壁中。滑轨架一般长约 6.5m，可调整滑轨倾角，击入前用洛阳铲挖入深约 1m 的小孔，置入花管，施打过程中必须注意保持管身与滑轨架平行，以确保按设计要求角度击入，若钢管打入有困难可采用地质钻机 XY-100 辅助成孔；由于钢花管一般仅为 6m 长，故须接长，接长一般可用 φ16mm 钢筋帮条焊接，一般在击打至花管露出坡面 300mm 时进行，钢花管在击入过程中，若遭遇障碍，可能出现角度偏移或反弹现象，一般应重打使其冲过障碍，若反弹过大无法施打时，应移位重新施工。

钢管注浆一般应分三个步骤：一是将管口施工击入过程中损坏处切除；二是将软注浆管插入管内至距孔底不大于 300mm 处，从管底开始注浆，逐次将施打过程中进入管内的水和泥浆置换出来，至管口溢出水泥浆时，逐次拔管；三是将管口套上带截止阀的注浆帽，并将注浆帽与注浆管连接（并确保连接严密），加压注浆，注浆压力 0.2 ~ 0.4MPa，当孔口返浆或土体冒浆或水泥用量达到 30kg/m 时方可停止注浆。稳压 3 ~ 5min 后关闭截止阀，30 ~ 60min 可拆除注浆帽。注浆采用水灰比 0.4 ~ 0.55 纯水泥浆（水泥浆应随拌随用）。

钢管土钉适宜在砂层中作土钉使用。但由于钢花管仅靠倒刺及从小孔中溢出的水泥浆液提高其与土体的黏结力，其抗拔力受较多不明因素影响，必须进行钢管的场地适应试验。浆体强度（以水泥砂浆试块强度为准）达到 10MPa 时，可进行抗拉试验；试验采用穿心式千斤顶和液压油泵（液压电泵压力表和千斤顶先进行标定），位移可用百分表测量；试验时采用分段加荷载，若达不到设计要求则应修正设计参数或施工工艺。

6. 喷射混凝土护面

喷射混凝土是用压力喷枪喷射细石混凝土的施工方法。喷射混凝土分为干拌法和湿拌法两种。干拌法是将水泥、砂、石在干燥状态下拌和均匀，用压缩空气将其和速凝剂送至喷嘴并与压力水混合后进行喷灌的方法。干拌法喷射速度大，粉尘污染及回弹情况较严重。湿拌法是将拌好的混凝土通过压浆泵送至喷嘴，再用压缩空气进行喷灌的方法。施工时宜用随拌随喷的办法，以减少稠度变化。此法的喷射速度较低，由于水灰比增大，混凝土的初期强度也较低，但回弹情况有所改善，材料配合易于控制，工作效率较干拌法高。

喷射混凝土护面一般须在土方开挖坡面垂直楔入直径 10 ~ 12mm，长 40 ~ 50cm 插筋，上铺 20 号钢丝网或钢筋网片，再喷射 40 ~ 60mm 厚的细石混凝土而成。

喷射混凝土护面一般与土层锚杆、土钉墙等配合施工，共同对基坑起到支护作用。

三、基坑支护结构的综合应用

在基坑支护过程中，为了取得更好的支护效果，往往将两种或两种以上支护结构类型进行组合应用。常用的组合形式有：

1. 灌注桩 + 深层搅拌桩（止水帷幕）+ 土层锚杆。

2. 地下连续墙 + 土层锚杆。

3. 灌注桩 + 深层搅拌桩。

4. 土钉墙 + 喷射混凝土护面。

5. 灌注桩 + 内支撑等。

第二章　基础工程

第一节　基础工程概述

基础是将结构所承受的各种作用传递到地基上的结构组成部分。在建筑工程中经常采用的基础，根据其受力特征和施工方式分为浅基础和桩基础两种类型。区分两种基础类型的关键因素是其受力特性而不是几何尺寸。

浅基础指将承载力较小的浅表土层作为地基来承受上部结构的各种作用的基础形式。承载力主要由基础底面下卧土层受压承载力提供。由于浅表土层的承载力较小，因而此类基础与地基的接触面积（即基础底面积）往往比结构构件的底面积要大很多，基础埋深比基础平面尺寸要小很多。此类基础包括独立基础、条形基础、交叉梁基础、筏形基础及箱形基础。

桩基础指将承载力较大的深层土层（或岩层）作为持力层来承受上部结构的各种作用的基础形式。承载力除了由基础底部土层的受压承载力提供外，基础侧表面与土层间的摩擦力也对承载力有贡献。这样就使基础的底面积比上部建筑结构构件平面面积增加不多，但是基础埋深要远大于基础平面尺寸。

从施工角度看，浅基础施工时需要先进行土方开挖，开挖的土体体积和范围要大于基础体积和范围，后期需要在基础与周围保留土体的空隙中回填土方；桩基础施工通常采用基础构件直接入土或者在土层内直接成形的方式，因而基础构件与周围土体之间没有需要回填的空隙，这种施工方式可以使基础侧面与土层产生挤压效果，从而提高基础的竖向承载力。

一、浅基础施工

浅基础施工按施工方式不同，分为砌筑基础、夯实基础（灰土基础、三合土基础）和混凝土浇筑基础；按照材料不同，分为灰土基础、三合土基础、砖基础、石基础、钢筋混凝土基础。对于浅基础来说，基坑（槽）的基底验收（通常称验槽）是一个非常关键的环节，也是浅基础施工准备的重要工作。

验收合格的坑槽应尽快进行垫层施工，从而及时形成对地基的保护，防止因雨水和地表水浸泡基底土层造成额外的地基加固成本和工期延误。垫层施工完成后，经过养护达到可以上人的强度，即可进行基础施工。根据使用的材料不同，基础的施工方式也有很大差别。

（一）基坑（槽）验收

基坑（槽）验收包括直接观察和轻型动力触探检验两个方面。验收工作完成应对验收结果填写验收报告和处理意见。其验收内容包括以下几个方面：

1. 检查基坑平面形状和尺寸、位置、深度和坑槽底标高是否与设计相符。

2. 根据地质勘查报告，通过直接观察检查坑槽底部（特别是基底范围）是否存在土层异常情况，对包括填土、坑穴、古墓、古井等分布进行初步判断。

3. 通过直接观察可以检查基坑基底范围土层分布情况；是否受到外界因素的扰动（如超挖情况）；或者因排水不畅造成土质软化；或者因保护不及时造成土体冻害等现象。

4. 采用轻型动力触探方式（又称钎探）对坑槽底部进行全面检查。包括人工和机械两种方式。检测在坑底形成的孔洞应用细砂灌实。以下情况可不进行动力触探检测：下卧层为厚度满足设计要求的卵石和砾石；底部有承压水层，且容易引起冒水涌砂的情况。

5. 填写验收报告及处理意见。采用动力触探方式检验，应绘制检测点位分布图，并标明编号，附上相关数据信息表格，作为坑槽检验的参考资料。

钎探的主要工作内容和技术要求包括检测工具和检测方式两个方面：

1. 工具。探杆用直径 25mm 钢筋制成，长度 1.8 ~ 2.0m，以满足探测深度；探杆的下端是圆锥形探头，探头尖端呈 60º 锥形，以利于穿透土层，直径 40mm；穿心锤为带中心孔的圆柱体，质量为 10kg。探杆从其中心孔穿过，使穿心锤可以沿探杆上下自由滑动。探杆上端设置下位卡环，以限制穿心锤的抬起高度。高于探头的位置设置一个锤垫，用于承受穿心锤的下落冲击力，利用反作用力使探杆沉入土层。

2. 检测方式。采用人工提升或者机械提升的穿心锤落距为 500mm；记录探杆贯入 300mm 深度的累计锤击次数；当该累计次数超过 100 次时，可停止检测试验。

（二）基础的抄平放线

当基坑（槽）验收通过后，应进行基础的抄平和放线工作。

先要进行的是基础抄平。

l. 基础抄平

基础抄平是在坑（槽）底抄平后通过混凝土垫层施工来实现，而基坑（槽）底抄平在基坑开挖后期的人工清底操作过程中实施完成。通常基坑（槽）底抄平的要求较为粗略，而基底抄平（垫层顶标高）则要求精确。为了保证混凝土垫层的平整度和标高准确，通常依据坑底标高控制桩先用垫层同等级混凝土打灰饼，灰饼顶标高等同垫层设计标高，然后依据灰饼再进行大面积垫层施工。当垫层施工完成后，在基础施工之前还需要对其顶标高进行复测和校核。当基础施工达到 ±0.000 以上后，在建筑物四角外墙上引测 ±0.000 标高，画上符号并注明，作为上部楼层抄平时标高的引测点。

2.基础放线

根据基坑周边的控制桩，将基础主轴线引测到基坑底的垫层上，每个方向应至少投测两条控制线，经闭合校核后，再以轴线为基准用墨线弹出基础轮廓线或边线，并定出门窗洞口的平面定位线。轴线放测完成并经复查无误后，才能进行基础施工。当基础墙身或者柱身施工完成后，将轴线引测到柱外侧或外墙面上，画上特定的符号，作为楼层轴线向上部传递的引测点。

第二节　预制桩施工

预制桩一般在预制构件厂或者工地的加工场地预制，然后运输到打桩位置，用沉桩设备按设计要求的位置和深度将其深入土层中。预制桩具有承载力大、坚固耐久、施工速度快、不受地下水影响、机械化程度高等特点。目前，我国广泛采用的预制桩主要有钢筋混凝土方桩、钢筋混凝土管桩、钢管或型钢钢桩等。预制桩施工包括两个重要环节：其一，是预制桩在生产厂家或者施工现场的制作、堆放和运输过程；其二，就是在工地的沉桩施工。两个环节工作的实施、管理和质量控制可能由同一施工单位来完成，也有可能分属于不同的企业和部门，但是两个环节的工作对工程的最终质量都是至关重要的。

一、桩的制作、运输、堆放

（一）制作

最大桩长由打桩架的高度决定，一般不超过 30m。预制厂制作的构件为了运输方便，长度不宜超过 12m。现场制作的桩长一般不超过 30m，当桩长超过 30m 时，需要分节制作，并在打桩过程中采取接桩措施。预应力桩的技术要求较高，通常需要在预制厂生产。

实心方桩截面边长一般为 200 ~ 500mm，空心管桩外径为 300 ~ 1000mm。桩的受力钢筋的根数一般为不小于 8 根的双数，且对称布置，便于绑扎和保持钢筋笼的形状。锤击沉桩时，为防止桩顶被打坏，浇筑预制桩的混凝土强度等级不宜低于 C30，桩顶一定范围内的箍筋应加密及加设钢筋网片，混凝土浇筑宜从桩顶向桩尖浇筑，浇筑过程应连续，避免中断。静压法沉桩时，混凝土等级不宜低于 C20。

现场预制桩时，应保证场地平整坚实，不应产生浸水湿陷和不均匀沉降。叠浇预制桩的层数一般不宜超过 4 层，上下层之间、邻桩之间、桩与模板之间应做好隔离层。上层桩或邻桩的浇筑，应在下层桩或邻桩混凝土达到设计强度等级的 30% 以后方可进行。

（二）运输

桩的运输应根据打桩的施工进度，随打随运，尽可能避免二次搬运。长桩运输可采用平板拖车等，短桩运输可采用载重汽车，现场运输可采用起重机吊运。

钢筋混凝土预制桩应在混凝土达到设计强度标准值的 75% 方可起吊，达到 100% 方能运输和打桩。如须提前起吊，必须做强度和抗裂度验算，并采取必要的防护措施。

（三）堆放

桩堆放时场地应平整、坚实、排水良好，桩应按规格、材质、桩号分别堆放，桩尖应朝向一端，支撑点应设在吊点或其附近，上下垫木应在同一垂直线上；堆放层数不宜超过 4 层。底层最外侧的桩应该用楔块塞紧固定。

二、锤击沉桩

锤击沉桩也称打入桩，是靠打桩机的桩锤下落到桩顶产生的冲击能而将桩沉入土中的一种沉桩方法。

特点：

施工速度快，机械化程度高，适用范围广，是预制钢筋混凝土桩最常用的沉桩方法。

适用性：

施工时有噪声和振动，施工产生的挤土效应强烈，因此施工时的场所、时间段受到限制。

（一）打桩机具

打桩用的机具主要包括桩锤、桩架及动力装置三部分。

1.桩锤

桩锤是打桩的主要机具，其作用是对桩施加冲击力，将桩打入土中。主要有落锤、单动汽锤和双动汽锤、柴油锤、液压锤。

2.桩架

桩架的作用是悬挂固定桩锤，引导桩锤的运动方向；吊桩就位。

桩架多以履带式起重机车体为底盘，增加立柱、斜撑、导杆等用于打桩的装置。可回转 360°，行走机动性好，起升效率高。可用于预制桩和灌注桩施工。

3.动力装置

用于启动桩锤的动力设施，包括电力驱动的卷扬机、蒸汽锅炉、柴油发动机等。根据桩锤种类确定。

（二）打桩施工

1. 施工准备

（1）清除障碍物：一方面为平整场地施工提供前提条件；另一方面为后期打桩作业的顺利进行清除障碍或者进行前期处理。包括打桩范围内空中（如供电线路）、地面（如房屋、石块等）、地下的障碍物（如墓穴、地窖、防空洞等）。

（2）平整场地：为了便于桩机行走，特别是步履式桩机对地面平整度要求较高，必要时要修筑桩机行走道路，设置坡道，做好排水设施。

（3）动力线路接入，设置配电箱。

（4）设置测量控制桩：便于观测桩点定位和桩机定位。

（5）预制桩的质量检查：预制桩不能有制作缺陷，同时在吊装过程中不能造成损伤和开裂。

2. 打桩顺序

第一，挤土效应。

由于锤击沉桩是挤土法成孔，桩入土后对周围土体产生挤压作用。尤其在群桩施工中的挤土效应明显。它的不利影响包括两个方面：

（1）造成周边先打入桩身挤出地面甚至损坏；

（2）引起周围地面隆起而造成建筑和地下设施的损害。

第二，影响因素。

（1）通常应根据场地的土质、桩的密集程度、桩的规格、长短和桩架的移动路线等因素来确定打桩顺序，以提高施工效率，减低施工难度。确定打桩顺序应遵循的原则如下：先长后短；先深后浅；先粗后细；先密后疏；先难后易；先远后近。

（2）从桩的平面位置看，打桩顺序主要包括逐排打、自中央向边缘打、自边缘向中央打和分段打等四种。逐排打，桩机沿单一线路单向移动，就位速度快，打桩效率较高，但是挤土效应会沿着桩机的前进方向逐渐增强，使后面打桩更加困难，甚至打不下去。自周边向中央打，在中央部分会形成更加强烈的挤土效应。以致打中央的桩时，周边先打的桩会被挤出地面。因此，按照此顺序打桩必须考虑挤土效应的影响，应该采用从中央向周边打和分段打的方式。

必须考虑挤土效应（打桩顺序不能采用逐排打、从周边向中央打）的条件：桩中心距小于或等于4倍桩的边长或桩径。否则，确定打桩顺序可以不考虑挤土效应的影响，而应侧重于考虑打桩便利和效率的提高。

3. 主要施工工序及技术要求

（1）施工准备

①清除障碍物：一方面为平整场地施工提供前提条件；另一方面为后期打桩作业的顺利进行清除障碍或者进行前期处理。包括打桩范围内空中（如供电线路）、地面（如房屋、石块等）、地下的障碍物（如墓穴、地窖、防空洞等）。

②平整场地：为了便于桩机行走，特别是步履式桩机对地面平整度要求较高，必要时要修筑桩机行走道路，设置坡道，做好排水设施。

③动力线路接入，在基坑附加设置配电箱，以满足桩机动力需求。

④设置测量控制桩：便于观测桩点定位和桩机定位；预制桩桩位控制测量的允许偏差如下：群桩的定位偏差 ≤ 20mm；单排桩的定位偏差 ≤ 10mm。

⑤预制桩的质量检查：预制桩不能有制作缺陷，同时在吊装过程中不能造成损伤和开裂。

（2）桩机就位

根据施工方案的打桩线路设计，将桩机开行至线路的起始桩位，并调整桩机满足以下条件：

①保持桩架垂直，导杆中心线与打桩方向一致，校核无误后固定。

②将桩锤和桩帽吊升起来，高度应高于桩长。

（3）吊桩就位和校核

利用桩架上的卷扬机将桩吊起成直立状态后送入桩架的导杆内，对准桩位徐徐放下，使桩尖在桩身自重下插入土中。此时，应校核桩位、桩身的垂直度，偏差 ≤ 0.5%。此步骤称为定桩。

（4）插桩和第二次校核

在桩顶安装桩帽，并放下桩锤压在桩帽上。桩帽与桩侧应有 5 ~ 10mm 的间隙，桩锤和桩帽之间应加弹性衬垫，一般用硬木、麻绳、草垫等，以防止损伤桩顶。此时，在自重作用下，桩身又会插入土中一定深度。此时，应对桩位和桩身垂直度进行第二次校核，并保证桩锤、桩帽和桩身在一条垂直线上。否则，应将桩拔出重新定位。

（5）打桩施工

锤击原则："重锤低击"或者"重锤轻击"。

采用此原则进行锤击沉桩可以使桩身获得更多的动量转换，更易下沉。否则，不但桩身不下沉，而且锤击的能量大部分被桩身吸收，造成桩顶损坏。一般情况下，单动汽锤落距 ≤ 0.6m；落锤落距 ≤ 1.0m；柴油锤的落距 ≤ 1.5m。桩锤应连续施打，使桩均匀下沉。

（6）送桩、接桩、截桩

送桩：

当桩顶标高低于自然地面时，需要用送桩管将桩送入土中。送桩时应保证送桩管和桩的轴线在一条直线上。送桩到位并拔出送桩管后，留下的桩孔应及时回填或覆盖。送桩深度一般不宜大于 2.0m。

接桩：

当设计的桩长很长，受到打桩机高度、预制条件、运输条件等因素的限制，应采用分段预制、分段沉桩的方法。在沉桩过程中需要进行接桩操作，接桩方法有焊接连接、法兰连接和机械连接(管桩螺纹连接、管桩啮合连接)等多种方式，其中焊接连接应用最普遍，当桩的受力钢筋直径不小于20mm时，可以采用机械连接。

焊接接桩时，必须在上下节桩对准并垂直无误后，用点焊将拼接角钢连接固定，再次检查位置正确后，才进行焊接。预埋铁件表面应保持清洁，上下节桩之间的间隙应用铁片填实焊牢；采用对角对称施焊，以防止节点不均匀焊接变形引起桩身歪斜，焊缝要连续饱满。接桩时，一般在距离地面0.5～1.0m高度进行，上、下节桩的中心线偏差不得大于10mm，节点弯曲矢高不得大于两节桩长的0.1%。在焊接后应使焊缝在自然条件下冷却10min后方可继续沉桩。

管桩螺纹机械快速接头技术是一项应用于管桩的新型连接技术。基本方法是分别在管桩两端预埋连接端盘和螺纹端盘，将两节桩的这两端对接后再用螺母快速连接，通过连接件的螺纹机械咬合作用连接两根管桩，并利用管桩端面的承压作用，将上一节管桩的力传递到下一节管桩上。螺纹机械快速接头由螺纹端盘、螺母、连接端盘和防松嵌块组成。在管桩浇注前，先将螺纹端盘和带螺母的连接端盘分别安装在管桩两端，两端盘平面应和柱身轴线保持垂直，端面倾斜不大于0.2% D (D 为管桩直径)。同时为方便现场施工，在浇注时管桩两端各应加装一块挡泥板和垫板工装。在第一节桩立桩时，应控制好其垂直度，且垂直度应控制在0.3%以内，即可满足接桩要求。在管桩连接中，应先卸下螺纹保护装置，取掉螺母中的固定螺钉，两端面及螺纹部分用钢丝刷清理干净，桩上下两端面涂上一层约1mm厚润滑脂，利用构件中的对中机构进行对接，提上螺母按顺时针方向旋紧，再用专用扳手卡住螺母敲紧，若为锤击桩，则应在螺母下方垫上防松嵌块，用螺丝拧紧，以防松掉。

采用管桩啮合机械接头技术接桩时，接头处下节管桩的上端应用方槽端板，上节管桩的下端必须用圆孔端板，管桩顶端采用常规桩端端头板。机械接头接桩时，下节管桩露出地面的高度宜为0.5～1m左右，方便接桩操作。操作顺序如下：

①连接前(未吊管桩前)，清理干净连接处的端头板，把连接销圆端(做防腐蚀桩时该圆端须满涂沥青涂料)用扳手把连接销逐根旋入圆孔端板上的螺栓孔，用校正器测量并校正连接销的高度：靠件的齿牙与连接销的全部齿牙完全咬合、靠件底部贴合到端头板面，即连接销高度正确。再用钢模型板检测调整连接销的方位、向心度：各连接销套入钢模板各方孔，即连接销向心度正确，校正后，把钢模板取开。

②下节管桩施打到离地面0.5～1m左右，剔除下节管桩方槽端板方槽内填塞的泡塑保护块。做防腐桩使用时，须在方槽内注入不少于一半槽深的沥青涂料并在端板面上抹上厚度3mm的沥青涂料。

③将上节管桩吊起，使连接销与方槽端板上的各个连接口对准，随即将连接销插入连接槽内。

④加压使上、下桩节的桩端端头板接触。

⑤若管桩做抗拔桩或防腐桩使用的或者需要进行小应变检测的，上下二桩连接后，采用电焊封闭上下节桩的接缝，做封闭处理，以保护端板面上的沥青涂料以及增加传导性能以免误判为断桩。

连接销是上下节管桩连接的关键部件。由圆形齿销、方形齿销、螺母、带齿销板、归位弹簧、预埋盒组成。上下桩节端板内均设置预埋盒，上节柱盒内埋设螺母，下节柱盒内埋设方形齿销块和归位弹簧，带齿销板与方形齿销的齿牙相互咬合形成连接。

截桩：

如桩底到达了设计深度，而预制桩桩顶仍然高于桩顶设计标高时需要截去桩头。截桩头宜用锯桩器截割，并应注意受力钢筋预留，必要时人工凿除混凝土。严禁用大锤横向敲击或强行扳拉截桩。

（三）质量控制措施

预制桩锤击沉桩施工过程中主要注意 3 个方面的质量控制要求：

l. 做好施工记录：

在打桩过程中，必须做好打桩记录，以作为工程验收的重要依据；记录内容包括：
（1）每打入 1m 的锤击数和时间；
（2）桩位置的偏斜；
（3）贯入度（每 10 击的平均入土深度）；
（4）最后贯入度（最后 3 阵，每阵 10 击的平均入土深度）；
（5）总锤击数等。

2. 停锤的原则：

端承桩：以贯入度控制为主要控制条件，桩尖标高作为参考；
摩擦桩：以桩尖标高是否达到设计标高为主要控制条件，贯入度作为参考。

沉桩施工过程中，如果控制指标已达到要求，而参考指标与要求差距较大，应协同监理单位与设计单位进行协商，研究处理方案。

（四）预制桩沉桩施工的一些防范措施

由于预制桩沉桩施工过程中的振动、噪声等，会给周围原有建筑物、地下设施及居民生活带来不利影响。在施工前应当做好防范措施的预案。常规的防范措施包括以下各个方面：

1. 预钻孔：在桩位处预先钻出比桩径小 50 ～ 100mm 的孔，深度视桩距和土的密实度、渗透性确定，一般为 1/3 ～ 1/2 桩长，施工时随钻随打。

2. 设置砂井和排水板：通过在土层中设置砂井和排水板，使受压土层的孔隙水提供排解的通道，消除孔隙水压力，缓解挤土效应。砂井直径应为 70 ～ 80mm，间距 1.0 ～ 1.5m，深度 10 ～ 12m。塑料排水板设置方式类似。

3. 挖防振沟：地面开挖防振沟，可以消除部分地面的振动和挤土效应。防振沟一般宽度 0.5 ～ 0.8m，深度根据土质以边坡能自立为宜，并可以与其他预防措施结合施工。

4. 优化打桩顺序；控制打桩速度。

三、静力压桩施工

静力压桩是利用无振动、无噪声的静压力将预制桩压入土中的沉桩方法。

静力压桩适用于软土、淤泥质土层，及截面小于 400mm×400mm，桩长 30 ～ 35m 左右的钢筋混凝土实心桩或空心桩。与普通打桩相比，可以减少挤土、振动对地基和邻近建筑物的影响，避免锤击对桩顶造成损坏，不易产生偏心沉桩；由于不需要考虑施工荷载，因而桩身配筋和混凝土强度都可以降低设计要求，节约制桩材料和工程成本，并且能在沉桩施工中测定沉桩阻力，为设计、施工提供参数，并预估和验证桩的承载能力。

静力压桩施工中，一般是采用分段预制、分段压入、逐段接长的方法。

1. 先进行场地平整，满足桩机进驻要求。由于压桩要求桩机配置足够的配重，因而静力压装机的荷载重量比较大，对场地承载力要求较高；特别是地表土层承载力不均匀容易造成桩机不稳和桩身不垂直。

2. 压桩时，桩帽、桩身、送桩器以及接桩后的上下节桩身应在同一垂直线上。

3. 为了防止桩身与土体固结而增加沉桩阻力，压桩过程应连续不能中断，工艺间歇时间（如接桩）尽量缩短。

4. 遇到下列突发情况，应暂停压桩，及时与有关单位研究处理方案：

（1）压桩初期，桩身大幅度位移或倾斜；

（2）压桩过程中突然下沉或者倾斜；

（3）桩顶压坏或压桩阻力陡增。

四、振动沉桩施工

振动沉桩是将桩与振动锤连接在一起，利用振动锤的高频振动器激振桩身，使桩身周围的土体产生液化而减小沉桩阻力，并靠桩锤和桩身的自重将桩沉入土中。目前，采用较多的振动沉拔桩机可以完成沉桩和拔桩两种施工作业。通过对挖掘机进行铲斗换装振动桩锤的方式，实现一机多用。振动锤按作用方式分为振动式和振动冲击式；按动力源分为电动式和液压式。

第三节　灌注桩施工

灌注桩是直接在桩位上就地成孔，然后在孔内安放钢筋笼，并灌注混凝土而形成的一种桩。灌注桩与预制桩相比较，有以下优缺点：

优点：灌注桩能根据各种土层，选择适宜的成孔机械，对各种土层的适应性较好，并且无须接桩作业，可以进行大直径桩、长桩施工，节省了吊装和运输的费用。

缺点：成孔工艺复杂，受施工环境影响大，桩的养护期对工期有所制约。

根据施工方法的不同，灌注桩分为多种形式。

一、长螺旋干作业钻孔灌注桩

1. 适用范围

可用于没有地下水或者地下水位以上土层范围内成孔施工，适用的土层包括黏性土、粉土、填土、中等密实以上的砂土、风化岩层。

2. 施工机械

包括长螺旋钻机和短螺旋钻机（只在靠近钻头 2 ~ 3m 范围内有螺旋叶片）两类。全叶片螺旋钻机成孔直径一般为 300 ~ 800mm，钻孔深度为 8 ~ 20m。钻杆可以根据钻孔深度逐节接长。全叶片钻机钻孔时，随着钻杆叶片的旋转，土渣会自行沿螺旋叶片上升涌出孔口；而短螺旋钻机由于叶片位于钻杆前段局部，排除土渣需要提钻和甩土操作。一般每钻进 0.5 ~ 1.0m 即需要提钻一次。

3. 成孔工艺

利用长螺旋钻机的钻头在桩位上切削土层，钻头切入土层带动钻杆下落。被切削土块沿钻杆上的螺旋叶片爬升直至孔口。然后用运输工具（翻斗车或者手推车）将溢出孔口的土块运走。钻孔和土块清运同时完成，可实现机械化施工。

4. 施工作业及技术要求

（1）钻机就位

在现场放线、抄平等施工准备工作完成后，按照施工方案确定的成孔顺序移动钻机到开钻桩位。钻机应保持平稳，避免施工过程中发生倾斜和移动。通过双面吊锤球或者采用经纬仪校正调整钻杆的垂直度和定位。

（2）钻孔作业

开动螺旋钻机通过电机动力旋转钻杆，使钻头的螺旋叶片旋转削土，土块沿螺旋叶片提升排出孔外。为了土块装运便利，通常在孔口设置一个带溢出口的泄土筒，溢出口高度根据运输工具确定。在钻进过程中，应随时注意完成以下工作：

①清理孔口积土，避免其对孔口产生压力而引起塌孔，及影响桩机的正常移位作业；

②及时检查钻杆的垂直度；必要时可以采取经纬仪监测；

③随时注意钻杆的钻进速度和出土情况；当发现钻进速度明显改变和钻杆跳动或摆动剧烈时，应停机检查，及时发现问题，并与勘察设计单位协商解决。

（3）清孔

为了避免桩在加载后产生过大的沉降量，当钻孔达到设计标高后，在提起钻杆之前，必须先将孔底虚土清理干净，即清孔。方法就是：钻机在原标高进行空转清土，不得向深处钻进，然后停止转动，提起钻杆卸土。清孔后可用重锤或沉渣仪测定孔底虚土厚度，检查清孔质量。孔底沉渣厚度控制：端承桩≤50mm，摩擦桩≤150mm。

（4）停钻验孔

钻进过程中，应随时观察钻进深度标尺或钻杆长度以控制钻孔深度。当达到设计深度后，应及时清孔。然后停机提钻，进行验孔。验孔内容和方法如下：

方法和工具：用测深绳（坠）、照明灯和钢尺测量。

检验内容：①孔深和虚土厚度；②孔的垂直度；③孔径；④孔壁有无塌陷、缩颈等现象；⑤桩位。

验孔完成后，移动钻机到下一个孔位。

（5）吊放钢筋笼

清孔后应随即吊放钢筋笼，吊放时要缓慢并保持竖直，应避免钢筋笼放偏，或碰撞孔壁引起土渣下落而造成孔底沉渣过多。放到预定深度时将钢筋笼上端妥善固定。当钢筋笼长度超过12m时，宜分段制作和吊放；分段制作的钢筋笼，其纵向受力钢筋的接头宜采用对接焊接和机械连接（直径大于20mm）。先行吊放的钢筋笼上端应在露出地面1m左右时进行临时固定，起吊上段钢筋笼与下段钢筋笼保持在一条垂直线上，焊接完成后继续吊放。在钢筋笼安放好后，应再次清孔。

（6）浇筑混凝土

桩孔内吊放钢筋笼后，应尽快浇筑混凝土，一般不超过24h，以防止桩孔扰动造成塌孔。浇筑混凝土宜用混凝土泵车，避免在成孔区域施加地面荷载，并禁止人员和车辆通行，以防止压坏桩孔。混凝土浇筑宜采用串筒或导管，避免损伤孔壁。混凝土坍落度一般为80~100mm，强度等级不小于C15，浇筑混凝土时应随浇随振，每次浇筑高度应小于1.5m，采用接长的插入式振捣器捣实。

5.改进工艺——长螺旋钻孔压灌桩:

此工艺称为长螺旋钻孔压灌桩。此工艺与普通长螺旋钻孔灌注桩的差别在两个方面:混凝土灌注方式和钢筋笼的放置次序。采用的长螺旋钻机钻杆为空心杆,作为混凝土通道。当钻孔达到设计深度后,在提钻的同时通过钻杆的空心通道将混凝土压送至孔底。当钻杆提出地面后,桩孔混凝土也灌注完成。钢筋笼的放置是在混凝土灌注完成后进行,借助钢筋笼自重或专用振动设备将其插入混凝土中直至设计标高。

压灌桩应注意以下几个技术要点:

①开始钻进前,应将钻杆和钻头内的土块、混凝土残渣清理干净。

②由于钻头处有混凝土压灌出口,因此,在钻进过程中不能提升钻杆和反转,否则应提钻出地面对出口门进行清理和检查。

③应当在压灌的混凝土达到孔底后 10 ~ 20s 后再缓慢提升钻杆,并保证钻头始终埋在混凝土面以下不少于 1m。混凝土泵送宜连续进行,边泵送边提钻,保持料斗内混凝土拌和料的高度不低于 400mm。

④钢筋笼底部应采取加强构造,以便振动过程中沉入混凝土。钢筋笼下放应连续进行,不能停顿,禁止采取直接脱钩的方式。

⑤混凝土压灌施工完成,应及时清洗钻杆、泵管和混凝土泵。

二、泥浆护壁成孔灌注桩

"泥浆护壁成孔灌注桩"也称"湿作业成孔灌注桩"。即在钻孔过程,先使"泥浆"充满桩孔,并随时循环置换,通过"泥浆"循环方式,起到保护孔壁、排渣的作用。

(一)施工机械及适用性

常用的成孔机械有回旋钻机、冲击钻机、潜水钻机、旋挖钻机等。按照其行走装置分为履带式、步履式和汽车车载式三种。钻机主要由主机、钻杆、钻头构成。

1.回转钻机

回转钻机是由动力装置带动钻机的回转装置转动,回转装置驱动位于作业平台上带方孔的转盘转动,从而带动插入到孔中的方形钻杆转动,钻杆下端带有钻头,由钻头在转动过程中切削土壤。回转钻机主要由塔架、回转转盘、钻杆、钻头、底盘和行走装置组成。适用于地下水位以下的黏性土、粉土、砂土、填土、碎(砾)石土及风化岩层;以及地质情况复杂,夹层多、风化不均、软硬变化较大的岩层。设备性能可靠,成孔效率高、质量好。

2. 潜水钻机

潜水钻机是一种旋转式钻孔机械，其动力、变速机构和钻头连在一起，加以密封，因而可以下放至孔中地下水位以下运行，切削土壤成孔。潜水钻机主要由钻机、钻头、钻杆、塔架、底盘、卷扬机等部分组成。

3. 冲击钻机

冲击钻机是将冲锤式钻头用动力提升，然后让其靠自重自由下落，利用其冲击力来切削岩层，并通过掏渣筒清理渣土。通过这样的循环作业过程形成桩孔。冲击钻机主要由桩架、钻头、掏渣筒、转向装置和打捞装置组成。适用于粉质黏土、砂土、砾石、卵漂石及岩层。施工过程中的噪声和振动较大。

4. 旋挖钻机

旋挖钻机是利用钻杆和钻头的旋转及重力使土屑进入钻斗。当土屑装满钻斗后，提升钻斗将土屑运出孔外。这样通过钻头的旋转、削土、提升和出土，反复作业形成桩孔。旋挖钻头呈筒状。旋挖钻机主要由塔架、钻杆、钻头、底盘、行走装置、动力装置等部分组成。旋挖钻成孔灌注桩应根据不同的地层情况及地下水埋深，分为干作业成孔工艺和泥浆护壁成孔工艺。适用于黏性土、粉土、砂土、填土、碎石及风化岩层等。

（二）施工主要工序及技术要求

I. 施工流程

采用不同施工机械和钻机进行泥浆护壁成孔灌注桩施工的工艺流程基本相同（主导工序），其中，冲击钻机成孔过程中击碎的大块岩石颗粒不能通过泥浆循环清运，需要另外采用淘渣筒清除。旋挖钻机采用的钻头具有很强的淘渣功能，但遇到大块石块或弧石时需要专用抓斗清除。

2. 施工作业及技术要求

（1）泥浆制备

在黏土中钻孔时，可利用钻削下来的土与注入的清水混合成适合护壁的泥浆，称为原土自造泥浆；在砂土中钻孔时，应注入高黏性土（膨润土）和水拌和成的泥浆，称为制备泥浆。泥浆护壁效果的好坏直接影响成孔质量，在钻孔中，应经常测定泥浆性能。为保证泥浆达到一定的性能，还可加入加重剂、分散剂、增黏剂及堵漏剂等掺合剂。制备泥浆的密度一般控制在 1.1 左右，携带泥渣排除孔外的泥浆密度通常为 1.2 ~ 1.4。

泥浆主要有以下功能：

①防止孔壁坍塌。钻孔施工破坏了自然状态下土层保持的平衡状态，存在塌孔的危险。泥浆防止塌孔的作用表现为两个方面：其一，孔内的泥浆比重略大，且保持一定超水位，因而孔内泥浆压力可以抵抗孔壁土层向孔内的土压力和水压力；其二，拌有一定掺合剂的泥浆具有一定的黏附作用，可以在孔壁上形成一层不透水的泥皮，在孔内压力作用下，防止孔壁剥落和透水。

②排除土渣。制备泥浆达到一个适当的密度则能够使土渣颗粒悬浮，并通过泥浆循环排出孔外。

③冷却钻头。钻头在钻进过程中，与土体摩擦会产生大量的热量，对钻头有不利影响。泥浆循环的过程中对钻头也起到了冷却的作用，可以延长钻头的使用寿命。

（2）埋设护筒

在钻孔时，应在桩位处设护筒，以起到定位、保护孔口、保持孔内泥浆水位的作用。护筒可用钢板制作，内径应比钻头直径大100mm，埋入土中的深度：黏性土不宜小于1.0m，砂土不宜小于1.5m。护筒埋设应准确、稳定，护筒中心与桩位中心的偏差不得大于50mm。在护筒顶部应开设1~2个溢浆口。在钻孔期间，应保持护筒内的泥浆面高出地下水位1.0m以上，形成与地下水的压力平衡而保护孔壁稳定。

（3）钻机就位

先平整场地，铺好枕木并校正水平，保证钻机平稳牢固。确保施工过程中不发生倾斜、移动。使用双向吊锤球校正调整钻杆垂直度，或者用经纬仪校正。

（4）钻孔和排渣

钻头对准护筒中心，偏差不大于50mm。开动泥浆泵使泥浆循环2~3min，然后再开动钻机，慢慢将钻头放置于桩位。慢速钻进至护筒下1m后，再以正常速度钻进。

钻孔时，在桩外设置沉淀池，通过循环泥浆携带土渣流入沉淀池而起到排渣作用。根据泥浆循环方式的不同，分为正循环和反循环两种工艺。

（5）清孔

钻孔达到设计深度后，应进行清孔。清孔作业通常分两次：第一次是在终孔后停止钻进时进行；第二次是在孔内放置钢筋笼和下料导管后，浇筑混凝土前进行。"正循环"工艺清孔做法分抽浆法和换浆法。"反循环"工艺中第一次清孔方法与正循环工艺的第一次清孔做法相同，第二次清孔则采用"空气升液排渣法"。

①换浆法。第一次清孔时，将钻头提高至距离孔底100~200mm，继续向孔内注入相对密度1.05~1.15的新泥浆或清水，维持泥浆循环，再令钻头原位空转10~30min左右，直至达到清孔要求。第二次清孔则是利用导管向孔内注入相对密度1.15左右的新泥浆，通过泥浆循环清除在下放钢筋笼和导管过程中坠落孔底的泥渣。

②抽浆法。当孔壁条件较好时可以用空气吸泥机进行清孔。利用水下灌注混凝土的导管作为吸管，通过高压气泵形成高压气流用导管送至孔底，将孔底沉渣搅动浮起。由吸泥机导管排出孔外。吸泥机管底部与送气管底部高差不少于2m。在这个过程中必须不断向

孔内补充清水，直至达到清孔要求。也可以利用砂石泵或射流泵直接抽取孔底的泥浆进行清孔。

③空气升液排渣法。即利用灌注水下混凝土的导管作为吸泥管，用高压风将孔内泥浆搅动使孔底泥渣随泥浆浮起并排出孔外。

（6）钢筋笼制作与吊放

施工要求同干作业成孔灌注桩一致。钢筋笼长度较大时可分段制作，两段之间用焊接连接。钢筋笼吊放要对准孔位，平稳、缓慢下放，避免碰撞孔壁，到位后立即固定。钢筋笼接长时，先将第一节钢筋笼放入孔中，利用其上部架立钢筋临时固定在护筒上部，然后吊起第二节钢筋笼对准位置后用绑扎或焊接的方法接长后继续放入孔中。如此方法逐节接长后放入孔中设计位置。钢筋放置完成后要再次检查钢筋顶端的高度是否符合要求。

（7）浇筑混凝土

泥浆护壁成孔灌注桩采用导管法水下浇筑混凝土。导管法是将密封连接的钢管作为水下混凝土的灌注通道，以保证混凝土下落过程中与泥浆隔离，不相互混合。开始灌注混凝土时，导管要插入到距孔底 300 ~ 500mm 的位置。在浇筑过程中，管底埋在灌入混凝土表面以下的初始深度应 ≥ 0.8m 的深度，随后应始终保持埋深在 2 ~ 6m。导管内的混凝土在一定的落差压力作用下，挤压下部管口的混凝土在已浇的混凝土层内部流动、扩散，以完成混凝土的浇筑工作，形成连续密实的混凝土桩身。浇筑完的桩身混凝土应超过桩顶设计标高 0.3 ~ 0.5m，保证在凿除表面浮浆层后，桩顶标高和桩顶的混凝土质量能满足设计要求。导管法施工可参照第四章有关"水下浇筑混凝土"的内容。

三、人工挖孔灌注桩

人工挖孔灌注桩是指在桩位采用人工挖掘方法成孔，然后安放钢筋笼，灌注混凝土而成为桩基。

（一）特点及适用范围

人工挖孔灌注桩属于干作业成孔，成孔方法简便，设备要求低，成孔直径大，单桩承载力高，施工时无振动、无噪声，对周围环境设施影响较小；当施工人员充足的情况下可同时开挖多个桩孔，从而加快总体进度；可直接观察土层变化情况，便于观察桩孔范围的土层变化情况和清孔作业，桩孔施工质量可靠性有保证。但其劳动条件差，人工用量大，安全风险较高，单孔开挖效率低。

人工挖孔灌注桩的桩身直径除了能满足设计承载力的要求外，还应考虑人工施工操作的要求，故桩径不宜小于 800mm，一般为 800 ~ 2000mm，桩端可采用扩底或不扩底两种方法。

（二）护壁

为确保人工挖孔桩施工过程的安全，必须采取孔壁支护措施。常用护壁形式包括现浇混凝土护壁、喷射混凝土护壁、钢筋混凝土沉井护壁、钢套管护壁、砖砌护壁等。

当采用现浇钢筋混凝土护壁时，厚度一般为 $D/10+50mm$（D 为桩径），高度 $800 \sim 1200mm$，内部均匀布置竖向钢筋，直径不小于 6mm；护壁分节制作，竖向钢筋应贯穿上下节护壁的接缝，形成拉结。护壁模板一般为 4 块或者 8 块组拼的圆弧钢模板，并有一定锥度，因而组拼完成后上口小、下口大；组拼好的模板应检验其上下口形状、尺寸和中心位置；浇筑完成的护壁上下节之间有 $50 \sim 75mm$ 的错位搭接，也叫"咬口连接"。护壁模板拆除时，混凝土强度应不小于 $1 N/mm^2$。

挖孔过程中，每挖深 1m，应校核桩孔直径、垂直度和中心偏差；

挖孔深度由设计人员根据土层实际情况确定，一般还要在桩孔底部钻孔取样来分析研究下卧层的情况，并决定是否终止挖掘。取样孔深一般不小于 3 倍桩径。

四、沉管灌注桩（套管成孔灌注桩）

沉管灌注桩是利用锤击或振动的沉管方式，将带有活瓣式桩尖、圆锥形钢桩尖或钢筋混凝土桩靴的钢管沉入土中，然后边拔管边灌注混凝土而成。沉管灌注桩的桩孔通常采用挤土方式形成，即钢管沉入土中后，应将土挤向周围，钢管中不应有土，用于混凝土灌注。因此，钢管下端应安装起封闭作用的桩靴。桩靴形状应利于在土中下沉和封闭钢管下端。其中活瓣式桩尖可重复使用，成本较低；圆锥形钢桩尖和预制钢筋混凝土桩尖为一次性，尤其是钢桩尖成本较高。

（一）分类及适用范围

沉管灌注桩按沉管的施工方式可分为锤击沉管灌注桩、振动沉管灌注桩。

适用于黏性土、粉土、淤泥质土、砂土及填土；在厚度较大、灵敏度较高的淤泥和流塑状态的黏性土等软弱土层中采用时，应制定可靠的质量保证措施。振动沉管又有振动和振动 - 冲击两种方式。振动沉管更适合于饱和软弱土层还有中密、稍密的砂层和碎石层。在施工中要考虑挤土、噪声、振动等影响。

（二）施工作业及技术要求

1. 沉管对位

根据桩位布点，将桩机开行就位。将桩管起吊后，将活瓣桩靴闭合，或者在桩位安放混凝土桩靴。缓慢下落桩管使其与混凝土桩靴紧密结合，或者将活瓣桩尖对准桩位，利用桩锤和桩管自重将桩尖压入土中。沉管前应检查预制混凝土桩尖是否完好，用麻绳、草绳将连接缝隙塞实；活瓣桩靴是否可以正常操作，并且闭合严密。当桩管入土一定深度后，复核桩位是否偏移，以及桩管的垂直度。锤击沉管要检查套管与桩锤是否在同一垂直线上，套管偏斜不大于 0.5%，锤击套管时先用低锤轻击，校核无误后才可以继续沉管。

2. 沉管

在打入套管时，和打入预制桩的要求是一致的。当桩距小于 4 倍桩径时，应采取保证相邻桩桩身质量的技术措施，防止因挤土而使已浇筑的桩发生桩身断裂。如采用跳打方法，中间空出的桩须待邻桩混凝土达到设计强度的 50% 以后方可施打。沉管直至达到符合设计要求的贯入度或沉入标高，并应做好沉管记录。

3. 灌注混凝土

沉管结束后，要检查管内有无泥砂或水进入。确认无异常情况后，吊放钢筋笼、浇筑混凝土。混凝土灌注时，应尽量灌满套管，然后开始拔管。拔管过程中管内混凝土高度应不少于 2m，并高于地下水位 1.5m 以上，保证混凝土在一定压力下顺利下落和扩散，避免在管内阻塞。钢筋混凝土桩的混凝土坍落度宜为 80 ~ 100mm；素混凝土桩宜为 60 ~ 80mm。

4. 拔管及振捣

拔管速度要均匀，对一般土层以 1m/min 为宜，在软弱土层和软硬土层交界处，宜控制在 0.8m/min 以内。一次拔管不宜过高，第一次拔管高度应控制在能容纳第二次所需要灌入的混凝土量为限，拔管时应保持连续密锤低击不停，使混凝土得到振实。

（三）常见质量问题及防范措施

1. 断桩

指桩身裂缝呈水平状或略有倾斜且贯通全截面，常见于地面以下 1 ~ 3m 不同软硬土层交接处。

产生原因：是桩距过小，桩身混凝土凝固不久，强度低，此时邻桩沉管使土体隆起和挤压，产生横向水平力和竖向拉力使混凝土桩身断裂。

防范措施：布桩不宜过密，桩间距以不小于 3.5 倍桩距为宜；当桩身混凝土强度较低时，可采用跳打法施工；合理制定打桩顺序和桩架行走路线，以减少振动的影响。断桩一经发现，应将断桩段拔去，将孔清理干净后，略增大面积或加上钢箍连接，再重新灌注混凝土。

2. 缩颈

指桩身局部直径小于设计直径，缩颈常出现在饱和淤泥质土中。产生原因：在含水量高的黏性土中沉管时，土体受到强烈扰动挤压，产生很高的孔隙水压力，桩管拔出后，这种超孔隙水压力便作用在所浇筑的混凝土桩身上，使桩身局部直径缩小；当桩间距过小，邻近桩沉管施工时挤压土体也会使所浇混凝土桩身缩颈；或施工时拔管速度过快，管内形成真空吸力，且管内混凝土量少、和易性差，使混凝土扩散性差，导致缩颈。

防范措施：在施工过程中应经常观测管内混凝土的下落情况，严格控制拔管速度，采取"慢拔密振"或"慢拔密击"的方法；在可能产生缩颈的土层施工时，采用反插法可避免缩颈。当出现缩颈时可用复打法进行处理。

3. 吊脚桩

指桩底部的混凝土隔空，或混入泥砂在桩底部形成松软层。产生原因：预制桩靴强度不足，在沉管时破损，或与桩管接缝不严密；活瓣桩尖合拢不严顶进泥砂或者拔管时没有及时张开；预制桩靴被挤入桩管内，拔管时未能及时压出而形成吊脚桩。

防范措施：严格检查预制桩靴的强度和规格，对活瓣桩尖应及时检修或更换；沉管时，在桩尖与桩管接触处缠绕麻绳或垫衬，使二者接触处封严。可用吊碇检查桩靴是否进入桩管或活瓣是否张开，当发现桩尖进水或泥砂时，可将桩管拔出，修复桩尖缝隙，用砂回填桩孔后再重新沉管。当地下水量大时，桩管沉至接近地下水位时，可灌注 0.5m 高水泥砂浆封底，将桩管底部的缝隙封住，再灌 1m 高的混凝土后，继续沉管。

（四）常规成桩方法、改进成桩方法及技术要点

沉管灌注桩的成桩方法包括常规的"单打法"和改进后的"复打法"和"反插法"。由于灌注桩施工受地质环境影响较大，在含水量较小的土层中可采用常规的"单打法"施工，而遇到饱和土层，为了保证成桩质量，宜采用"复打法"和"反插法"。

1. 单打法

前面所述的沉管灌注桩的成桩方法为"单打法"。单打法施工时，桩管内灌满混凝土后，先连续锤击或振动 5 ~ 10s，再开始拔管，应边振边拔，每拔 0.5 ~ 1m 后，停拔锤击或振动 5 ~ 10s，如此反复，直至桩管全部拔出。在一般土层内，拔管速度宜为 1.2 ~ 1.5m/min，在软弱土层中，宜控制在 0.8m/min 以内。

2. 复打法

复打灌注桩是在第一次灌注桩施工完毕，拔出套管后，清除管外壁上的污泥和桩孔周围地面的浮土，立即在原桩位再埋设预制桩靴第二次复打套管，使未凝固的混凝土向四周挤压扩大桩径，然后第二次灌注混凝土。拔管方法与初打时相同。复打前后两次沉管的轴线应重合，复打施工必须在第一次灌注的混凝土初凝之前进行。复打法第一次灌注混凝土前不能放置钢筋笼，如配有钢筋，应在第二次灌注混凝土前放置。

3. 反插法

反插法施工时，在套管内灌满混凝土后，先振动再开始拔管，每次拔管高度

0.5 ~ 1m，向下反插深度 0.3 ~ 0.5m。如此反复进行并始终保持振动，直至套管全部拔出地面。拔管速度应为 0.5m/min。反插法施工的桩截面会增大，从而提高桩的承载力。

第四节　桩基检测与验收

桩基工程施工完成后应进行桩位、桩长、桩径、桩身质量和单桩承载力的检验。桩身质量与桩基承载力密切相关，桩身质量有时会严重影响桩基承载力，桩身质量检测抽样率较高，费用较低，通过检测可减少桩基安全隐患，并可为判定基桩承载力提供参考。桩基工程的检验按时间顺序可分为三个阶段：施工前检验、施工过程检验和施工后检验。

一、施工前检验

（一）预制桩——包括混凝土预制桩、钢桩

1. 成品桩应按选定的标准图或设计图制作，现场应对其外观质量及桩身混凝土强度进行检验。

2. 应对接桩用焊条、压桩用压力表等材料和设备进行检验。

（二）灌注桩

1. 混凝土拌制应对原材料质量与计量、混凝土配合比、坍落度、混凝土强度等级等进行检查。

2. 钢筋笼制作应对钢筋规格、焊条规格、品种、焊口规格、焊缝长度、焊缝外观和质量、主筋和箍筋的制作偏差等进行检查。

二、施工过程检验

（一）预制桩——包括混凝土预制桩、钢桩

1. 打入（静压）深度、停锤标准、静压终止压力值及桩身（架）垂直度检查。

2. 接桩质量、接桩间歇时间及桩顶完整状况。

3. 每米进尺锤击数、最后 1m 锤击数、总锤击数、最后三阵贯入度及桩尖标高等。

（二）灌注桩

1. 灌注混凝土前，应对已成孔的中心位置、孔深、孔径、垂直度、孔底沉渣厚度进行

检验。

2. 对钢筋笼安放的实际位置等进行检查，并填写相应质量检测、检查记录。

3. 干作业条件下成孔后应对大直径桩桩端持力层进行检验。

4. 对于沉管灌注桩施工工序的质量检查宜按前述的有关项目进行。

5. 对于挤土预制桩和挤土灌注桩，施工过程均应对桩顶和地面土体的竖向和水平位移进行系统观测；若发现异常，应采取复打、复压、引孔、设置排水措施及调整沉桩速率等措施。

三、施工后检验

1. 桩基础施工完成后，应对其承载力、桩身质量进行检验，并且应根据不同桩型按规定检查成桩桩位偏差。

2. 有下列情况之一的桩基工程，应采用静载荷试验对工程桩单桩竖向承载力进行检测：

①工程施工前已进行单桩静载荷试验，但施工过程变更了工艺参数或施工质量出现异常时；

②施工前工程未按规定进行单桩静载荷试验的工程；

③地质条件复杂、桩的施工质量可靠性低；

④采用新桩型或新工艺。

3. 有下列情况之一的桩基工程，可采用高应变动测法对工程桩单桩竖向承载力进行检测：

①除采用静载荷试验对工程桩单桩竖向承载力进行检测的桩基；

②设计等级为甲、乙级的建筑桩基静载荷试验检测的辅助检测。

4. 桩身质量除对预留混凝土试件进行强度等级检验外，尚应进行现场检测。检测方法可采用可靠的动测法，对于大直径桩还可采取钻芯法、声波透射法。

5. 对专用抗拔桩和对水平承载力有特殊要求的桩基工程，应进行单桩抗拔静载荷试验和水平静载荷试验检测。

（一）预制桩

l.抽检样本比例要求

根据《建筑基桩检测技术规范》（JGJ 106-2003）的要求，在施工后要对桩的承载力及桩体质量进行检验。

（1）预制桩的静载荷试验根数应不少于总桩数的1%，且不少于3根；当总桩数少于50根时，试验数应不少于2根。

（2）预制桩的桩体质量检验数量不应少于总桩数的10%，且不得少于10根。每个柱子承台下不得少于1根。

2. 材料与构件验收

钢筋混凝土预制桩在现场预制时，应对原材料、钢筋骨架、混凝土强度进行验收。工厂生产的成品桩进场要有产品合格证书，并应对构件的外观进行检查。

3. 桩位验收

打入桩（预制混凝土方桩、预应力混凝土空心桩、钢桩）的桩位偏差应符合规定。斜桩倾斜度的偏差不得大于倾斜角正切值的 15%（倾斜角系桩的纵向中心线与铅垂线间夹角）。

（二）灌注桩

1. 抽检样本比例要求

（1）对于地基基础设计等级为甲级或地质条件复杂，成桩质量可靠性低的灌注桩，应采用静载荷试验的方法进行检验，检验桩数不应少于总数的 1%，且不应少于 3 根，当总桩数不少于 50 根时，检验桩数不应少于 2 根。

（2）对于地基基础设计等级为甲级或地质条件复杂，成桩质量可靠性低的灌注桩，桩身质量检验抽检数量不应少于总数的 30%，且不应少于 20 根；其他桩基工程的抽检数量不应少于总数的 20%，且不应少于 10 根；对地下水位以上且终孔后经过核验的灌注桩，检验数量不应少于总桩数的 10%，且不得少于 10 根，每个柱子承台下不得少于 1 根。

2. 材料验收

（1）灌注桩每灌注 50m³ 应有一组试块，小于 50m³ 的桩应每根桩有一组试块。

（2）在灌注桩施工中，应对成孔、清孔、放置钢筋笼、灌注混凝土等进行全过程检查，人工挖孔桩尚应复验孔底持力层土（岩）性。嵌岩桩必须有桩端持力层的岩性报告。

（3）灌注桩应对原材料、钢筋骨架、混凝土强度进行验收。

3. 成桩验收

灌注桩桩顶标高至少要比设计标高高出 0.5m。

灌注桩的沉渣厚度：当以摩擦桩为主时，不得大于 150mm；当以端承力为主时，不得大于 50mm；套管成孔的灌注桩不得有沉渣。

四、桩基竖向承载力检测——静载法

静载试验法检测的目的，是采用接近于桩的实际工作条件，通过静载加压，确定单桩的极限承载力，作为设计依据（试验桩），或对工程桩的承载力进行抽样检验和评价。

桩的静载试验有多种，如单桩竖向抗压静载试验、单桩竖向抗拔静载试验和单桩水平静载试验。单桩竖向抗压静载试验通过在桩顶加压静载，得出（竖向荷载 - 沉降）$Q - S$ 曲线、（沉降 - 时间对数）$S - \lg t$ 等一系列关系曲线，综合评定其容许承载力。

单桩竖向抗压静载试验一般采用油压千斤顶加载，千斤顶的加载反力装置可根据现场实际条件采取锚桩反力法、压重平台反力法。

（一）压重平台反力法

压重平台反力装置由钢立柱（支墩或垫木）、钢横梁、钢锭（砂袋）、油压千斤顶等组成。压重量不得少于预估试桩破坏荷载的 1.2 倍，压重应在试验开始前一次加上，并均匀稳固地放置于平台上。

（二）锚桩反力法

锚桩反力装置由 4 根锚桩、主梁、次梁、油压千斤顶等组成。

锚桩反力装置能提供的反力应不小于预估最大试验荷载的 1.2 ~ 1.5 倍。

五、桩基动载法检测

静载试验可直观地反映桩的承载力和混凝土的浇筑质量，数据可靠。但试验装置复杂笨重，装、卸、操作费工费时，成本高，测试数量有限，并且易破坏桩基。

动测法试验仪器轻便灵活，检测快速，不破坏桩基，相对也较准确，费用低，可节省静载试验锚桩、堆载、设备运输、吊装焊接等大量人力、物力。在桩基础检测时，可进行低应变动测法普查，再根据低应变动测法检测结果，采用高应变动测法或静载试验，对有缺陷的桩重点抽测。

（一）低应变动测法——桩基质量检测

低应变动测法是采用手锤瞬时冲击桩头，激起振动，产生弹性应力波沿桩长向下传播，如果桩身某截面出现缩颈、断裂或夹层时，会产生回波反射，应力波到达桩尖后，又向上反射回桩顶，通过接收锤击初始信号及桩身、桩底反射信号，并经微机对波形进行分析，可以判定桩身混凝土强度及浇筑质量，包括缺陷性质、程度与位置，对桩身结构完整性进行检验。

根据低应变动测法测试，可将桩身完整性分为 4 个类别：

1. Ⅰ类桩：桩身完整。

2. Ⅱ类桩：桩身有轻微缺陷，不会影响桩身结构承载力的正常发挥。

3. Ⅲ类桩：桩身有明显缺陷，对桩身结构承载力有影响。

4. Ⅳ类桩：桩身存在严重缺陷。

一般情况下，Ⅰ、Ⅱ类桩可以满足要求；Ⅳ类桩无法使用，必须进行工程处理；HI类桩能否满足要求，由设计单位根据工程具体情况做出决定。

（二）高应变动测法——桩基承载力检测

高应变动测法是用重锤，通过不同的落距对桩顶施加瞬时锤击力，用动态应变仪测出桩顶锤击力，用百分表测出相应的桩顶贯入度，根据实测的锤击力和相应贯入度的关系曲线与同一桩的静载荷试验曲线之间的相似性，通过相关分析求出桩的极限承载力。

进行高应变承载力检测时，锤的重量应大于预估单桩极限承载力的 1.0% ~ 1.5%，混凝土桩的桩径大于 600mm 或桩长大于 30m 时取高值。高应变检测用重锤应材质均匀、形状对称、锤底平整。高径（宽）比不得小于 1，并采用铸铁或铸钢制作。

第三章　钢筋混凝土工程

第一节　钢筋工程

一、钢筋现场存放与保护

钢筋在运输和存放时，不得损坏包装和标志，进场后应按牌号、规格、炉批分别堆放整齐，并挂牌标识钢筋的级别、牌号、规格、状态、数量、产地等。钢筋存放及加工场地应采用混凝土硬化，且保证良好的排水效果。对非硬化的地面，在堆放时应在钢筋下面加垫木，将钢筋架空放置。

二、钢筋的质量控制

钢筋进场时应检查产品合格证、出厂检验报告，并进行复验，验收合格后方可加工、使用。验收内容包括标牌查对、外观检查以及按进场的批次和产品的抽样检验方案抽取试件做力学性能和重量偏差检验。在钢筋加工过程中，发现钢筋脆断、焊接性能不良或力学性能显著不正常等现象时，应暂停使用该批钢筋，并对该批钢筋进行化学成分检验或其他专项检验。

钢筋进场检验应根据不同品种按每 5 ~ 60 t 为一批。外观检查时，每批不少于 5%，主要查看钢筋是否平直、有无损伤，表面是否有裂纹、油污、颗粒状或片状老锈，尺寸与横截面积是否满足相关规范的要求。力学性能检验时，抽取 2 根钢筋，分别在每根钢筋上截取 1 个试件进行拉伸试验，截取 1 个试件进行冷弯试验，应在距钢筋端头 500 mm 以上的位置取样。

对有抗震设防要求的结构，其纵向受力钢筋的性能应满足设计要求；当无具体要求时，对按一、二、三级抗震等级设计的结构，其纵向受力钢筋的强度和最大力下总伸长率的实测值应符合下列规定：

1. 钢筋的抗拉强度实测值与屈服强度实测值的比值不应小于 1.25；

2. 钢筋的屈服强度实测值与屈服强度标准值的比值不应小于 1.30；

3. 钢筋的最大力下伸长率不应小于 9%。

三、钢筋的连接

（一）焊接连接

钢筋采用焊接连接具有节约钢材、提高结构构件的质量、缩短工期等优点，但焊接是一门专项技术，需要对焊工进行专项培训，持证上岗。钢筋焊接分为压焊和熔焊两种形式。压焊包括闪光对焊和电阻点焊；熔焊包括电弧焊和电渣压力焊。热轧钢筋的对接焊接应采用闪光对焊、电弧焊、电阻点焊或气压焊；钢筋骨架和钢筋网片的交叉焊接应采用电阻点焊；钢筋与钢板的 T 型连接应采用埋弧压力焊或电弧焊。

1. 闪光对焊

闪光对焊是使用对焊机将待连接的两段钢筋的端面接触，通过低电压的强电流，对钢筋进行加热，待钢筋被加热到一定温度变软后，再施加轴向压力顶锻，将两根钢筋焊熔在一起，产生对焊接头。

闪光对焊具有成本低、生产效率高、质量好、适用性广等优点。在加工制作钢筋时，如需对接焊接应优先采用闪光对焊。

（1）对焊工艺

闪光对焊的常用工艺有连续闪光焊、预热闪光焊和闪光 - 预热闪光焊三种工艺。

①连续闪光焊：工艺过程包括连续闪光和顶锻过程。自闪光一开始就缓缓向内移动钢筋，钢筋端面的接触点在强电流下被迅速加热熔化、蒸发、连续爆破，形成连续闪光，然后施加一定的轴向压力迅速顶锻，先带电顶锻，随后断电顶锻到一定长度，将两段钢筋焊接为一个整体。

②预热闪光焊：是在连续闪光焊之前先进行一次预热，增大焊接热影响区。工艺过程包括预热、连续闪光和顶锻过程。焊接时先接通电源，使两根钢筋的端面连续交替地接触和分开，令钢筋端面间隙发出连续的短暂闪光，使钢筋预热，然后进入闪光阶段，最后顶锻而成。

③闪光 - 预热闪光焊：是在预热闪光焊之前再增加一次闪光过程，目的是将钢筋端面融化平整，使之预热均匀。其工艺过程包括一次闪光、预热、再次闪光和顶锻过程。

（2）对焊参数

闪光对焊参数有调伸长度、闪光速度、烧化留量、预热留量、顶锻速度、顶锻留量、顶锻压力及变压器级次。若采用预热闪光焊，则还须考虑预热留量与预热频率等参数。

调伸长度指的是闪光对焊前，钢筋伸入电极钳口的长度。钢筋牌号越高、直径越大，选择的调伸长度越长。这是为了减缓对接接头的温度梯度，以防在焊接热影响区产生淬硬组织。

烧化留量是指在闪光和预热过程中所烧化的钢筋长度。连续闪光焊时的烧化留量等于两根钢筋在断料时被刀口严重压伤部分再加 8mm；预热闪光焊的烧化留量不应大于

10mm，预热留量应为 1 ～ 2mm，应进行 1 ～ 4 次预热，每次预热时间为 1.5 ～ 2s，时间间隔为 3 ～ 4s。

闪光速度先慢后快，从接近零开始，逐渐增加到 1mm/s，终止时达到 1.5 ～ 2mm/s。

顶锻留量是因接头顶压挤出而消耗的钢筋长度。顶锻留量应随钢筋牌号的提高与钢筋直径的增大而增加，且应在 4 ～ 10mm 范围内。顶锻速度应越快越好。顶锻压力应足以将熔化的所有金属从接头内挤出，并使接头附近的金属产生一定的塑性变形。

变压器级次的作用是调节焊接电流的大小。钢筋牌号越高，直径越大，采用的变压器级次也要升高。焊接过程中当火花过大并伴有强烈声响时，应降低变压器级次。当电压降低 5% 时，应将变压器级次升高一级。

（3）对焊接头质量检验

闪光对焊接头的质量检查，应根据《钢筋焊接及验收规程》（JGJ 18-2012）规定，进行力学性能检验和外观检查。在同一台班内，由同一焊工完成的 300 个同牌号、同直径钢筋焊接接头应作为一个检验批。当同一台班内焊接的接头数量较少，可在一周之内累计计算；累计仍不足 300 个接头时，应按一批计算。

力学性能检验时，应从每批接头中随机切取 6 个接头，其中 3 个做拉伸试验，3 个做弯曲试验。

外观检查要求：接头处不得有横向裂纹；与电极接触处钢筋表面不得有明显烧伤；接头处的弯折角不得大于 3；接头处的轴线偏移不得大于钢筋直径的 1/10，且不得大于 2mm。

2. 电阻点焊

钢筋电阻点焊是把两根钢筋交叉叠接在一起，压紧于电焊机两电极之间，使钢筋通电发热熔化，再加压形成焊点。电阻点焊主要用于钢筋的交叉连接，与绑扎连接相比，具有生产效率高、节约劳动力与材料、提高质量的优点。

（1）点焊设备

常用的点焊机有手提式点焊机、单点点焊机、多点点焊机、悬挂式点焊机。其中，手提式点焊机主要用于施工现场；多点点焊机可同时焊接数点，多在焊接大型钢筋网时使用；悬挂式点焊机能灵活地焊接各种形状的大型钢筋网及钢筋骨架。

（2）点焊工艺

电阻点焊的工艺过程包括预压、通电、锻压三个阶段。在通电后，固态金属受热膨胀，接触点扩大，焊接处金属在焊接压力作用下产生塑性变形，并填入工件间隙中。继续加热到金属的熔化点，使焊接处金属逐渐扩大到所要求的核心尺寸时断开电流。

当点焊的两根钢筋的直径不同时，较小钢筋直径小于或等于 10mm 时，较大钢筋的直径不宜超过较小钢筋的 3 倍；当较小钢筋直径在 12 ～ 16mm 范围时，大、小钢筋直径之比不宜大于 2。

（3）点焊参数

电阻点焊的工艺参数主要包括通电时间、电极压力、焊点压入深度、变压器级数。电阻点焊应根据钢筋牌号、直径及使用的焊机性能来选择适当的变压器级数、通电时间和电极压力。焊点的压入深度应取焊接骨架中较小钢筋直径的 18% ~ 25%。

（4）电阻点焊质量检查

电阻点焊的质量检查应按检验批进行力学性能检验和外观检查。凡钢筋牌号、直径及尺寸相同的焊接骨架和焊接网应视为同一种类产品，以 300 件作为一个检验批，一周内不足 300 件的亦作为一个检验批。

力学性能检验的试件，应从每批成品中切取；切取过试件的制品应补焊同牌号、同直径的钢筋；当焊接骨架所切取的试件尺寸小于规定的试件尺寸，或受力钢筋直径大于 8mm 时，可在生产过程中制作模拟焊接试验网片，从中切取试件。试验结果应符合相关规定。

外观检查应按同一类型制品分批检查，每批抽查 5%，且不得小于 10 件。焊接骨架外观检查结果应符合以下要求：每件制品的焊点脱落、焊漏数量不得高于焊点总数的 4%，且相邻两焊点不得均有焊漏及脱落；焊接骨架的允许偏差应符合相关规定。钢筋焊接网间距的偏差不得大于 10mm 和规定间距的 5% 之中的较大值。网片两对角线之差不得大于 10mm；网格数量应符合设计规定。

3. 电弧焊

（1）电弧焊设备及焊条

钢筋电弧焊包括焊条电弧焊和 CO_2 气体保护电弧焊两种工艺方法。

钢筋 CO_2 气体保护电弧焊设备由焊接电源、送丝系统、焊枪、控气系统、控制电路等五部分组成，主要的焊接工艺参数有焊接电流、极性、电弧电压、焊接速度、焊丝伸出长度、焊枪角度、焊接位置、焊丝尺寸。施焊时，应根据焊接性能、焊接接头形状、焊接位置，选用正确焊接工艺参数。

焊条电弧焊是利用弧焊机使焊条与焊件之间产生高温电弧，使焊条和电弧燃烧范围内的焊件熔化，待其凝固后便形成焊缝或接头。

电弧焊设备主要有弧焊机、焊接电缆、电焊钳等。弧焊机可分为交流弧焊机和直流弧焊机两类。交流弧焊机结构简单，价格低廉，保养维护方便；直流弧焊机焊接电流稳定，焊接质量高，但价格昂贵。焊接时，应符合下列要求：

①应根据钢筋牌号、直径、接头形式和焊接位置选择焊接材料，确定焊接工艺和焊接参数；

②焊接时，引弧应在垫板、帮条或形成焊缝的部位进行，不得烧伤主筋；

③焊接地线与钢筋应接触良好；

④焊接过程中应及时清渣，焊缝表面应光滑，焊缝余高应平缓过渡，弧坑应填满。

（2）电弧焊接头形式

钢筋电弧焊包括帮条焊、搭接焊、坡口焊、窄间隙焊和熔槽帮条焊五种接头形式。

①帮条焊。帮条焊有单面焊和双面焊两种，优先采用双面焊；当不能进行双面焊时，方可采用单面焊。焊接时，两主筋端面的间隙应为 2 ~ 5mm，帮条与主筋之间应用四点定位焊固定，定位焊缝与帮条端部的距离宜大于或等于 20mm。当帮条直径与主筋相同时，帮条牌号可与主筋相同或低一个牌号。焊缝厚度不应小于主筋直径的 0.3 倍，焊缝宽度不应小于主筋直径的 0.8 倍。

②搭接焊。搭接焊有单面焊和双面焊两种，优先采用双面焊；当不能进行双面焊时，方可采用单面焊。焊接时，焊接端钢筋应预弯，并应使两钢筋的轴线在同一直线上，用两点固定，定位焊缝与搭接端部的距离宜大于或等于 20mm。焊缝厚度不应小于主筋直径的 0.3 倍，焊缝宽度不应小于主筋直径的 0.8 倍。

③坡口焊。坡口焊是将两根钢筋的连接处切割成一定角度的坡口，辅助以钢垫板进行焊接连接的一种工艺，适用于直径 10 ~ 40mm 的 HPB235、HRB335、HRB400 和 HRB500 级钢筋连接。

④窄间隙焊。适用于直径 16mm 及以上钢筋的现场水平焊接。焊接时，钢筋端部应置于铜模中，并应留出一定间隙，用焊条连续焊接，熔化钢筋端而使熔化金属填充间隙，形成接头。

⑤熔槽帮条焊。这类焊接是在焊接的两根钢筋端部形成焊接熔槽，熔化金属焊接钢筋的一种方法，适用于直径 20mm 及以上钢筋的现场焊接安装。

（3）电弧焊接头质量检验

电弧焊接头的质量检查，按检验批进行力学性能检验和外观检查。在现浇混凝土结构中，应以 300 个同牌号钢筋、同形式接头作为一批进行检验；在房屋结构中，以不超过两楼层中的 300 个同牌号、同形式接头作为一批进行检验。

力学性能检验时，应从每批随机切取 3 个接头，进行拉伸试验。在装配式结构中，可按生产条件制作模拟试件，每批 3 个，进行拉伸试验。钢筋与钢板电弧搭接焊接头可只进行外观检查。

外观检查要求：焊缝表面应平整，不得有凹陷或焊瘤；焊接接头区域不得有肉眼可见的裂纹；咬边深度、气孔、夹渣等缺陷允许值及接头尺寸的允许偏差，应符合相关规定；坡口焊、熔槽帮条焊和窄间隙焊的接头焊缝余高不得大于 3mm。

4. 电渣压力焊

钢筋电渣压力焊是将两段钢筋安放成竖向对接形式，利用焊接电流通过两钢筋端面间隙，在焊剂层下形成电弧过程和电渣过程，产生电弧热和电阻热，熔化钢筋，加压完成的一种焊接方法。适用于钢筋混凝土结构中竖向或斜向（倾斜度在 4∶1 范围内）钢筋的连接。

（1）焊接设备

电渣压力焊的主要设备是竖向钢筋电渣压力焊机，按控制方式可以分为手动式钢筋电渣压力焊机、半自动式钢筋电渣压力焊机以及全自动式钢筋电渣压力焊机。电渣压力焊机焊接机头（夹具）、焊剂盒等焊接电源一般采用 BX3-500 型或 BX2-1000 型交流弧焊机，也可采用专用电源 JSD600 型、JSD1000 型，一个焊接电源可供数个焊接机头交替使用。焊机容量应根据所焊直径选定。

焊接机头分为杠杆单柱式、丝杆传动双柱式等。焊接机头应具有一定刚度，在最大允许荷载下应移动灵活，操作便利。

焊剂盒呈圆形，由两个半圆形铁皮组成，内径为 80 ~ 100mm，与所焊钢筋的直径相适应。

（2）焊接工艺

电渣压力焊的工艺过程包括引弧过程、电弧过程、电渣过程和顶压过程。

①引弧过程：宜采用铁丝圈或焊条头弧法，也可采用直接引弧法。

②电弧过程：靠电弧的高温作用，将钢筋端头的凸出部分不断烧化，同时将接口周围的焊剂充分熔化，形成一定深度的渣池。

③电渣过程：渣池形成一定深度后，将上钢筋缓缓插入渣池中，此时电弧熄灭，进入电渣过程。由于电流直接通过渣池，产生大量的电阻热、使渣池温度升到近 2000℃将钢筋端头迅速而均匀熔化。

④顶压过程：当钢筋端头达到全截面熔化时，迅速将上钢筋向下顶压，将熔化的金属、熔渣及氧化物等杂质全部挤出结合面，同时切断电源，焊接过程完结。

接头焊接完成，应停歇 20 ~ 30s 后，方可回收焊剂及卸下夹具，并敲去渣壳，四周焊包应均匀，当钢筋直径为 25mm 及以下时，凸出钢筋表面的高度应大于或等于 4mm；当钢筋直径为 28mm 及以上时，凸出钢筋表面的高度应大于或等于 6mm。

（3）焊接参数

钢筋焊接前应根据钢筋牌号、直径、接头形式和焊接位置，选择合适的焊接电流、电压和通电时间。不同直径钢筋焊接时，应根据较小直径的钢筋选择参数，焊接通电时间可延长。

（4）电渣压力焊接头质量检查

电渣压力焊接头的质量检查按检验批进行力学性能检验和外观检查。在现浇混凝土结构中，应以 300 个同牌号钢筋接头作为一批进行检验；在房屋结构中，以不超过两楼层中的 300 个同牌号接头作为一批进行检验，当不足 300 个时，仍应作为一个检验批。

力学性能检验时，应从每批随机切取 3 个接头进行拉伸试验。

外观检查要求：四周焊包凸出钢筋表面的高度符合要求；钢筋与电极接触处，应无烧伤缺陷；接头处的弯折角不得超过 3°；接头处的轴线偏移不得大于钢筋直径的 1/10，且不得大于 2mm。

（二）机械连接

钢筋机械连接是通过钢筋与连接件的机械咬合作用或钢筋端面的承压作用，将一根钢筋中的力传递至另一根钢筋的连接方法。机械连接接头质量稳定可靠，不受钢筋化学成分的影响，受人为因素的影响小；操作便捷，施工周期短，且不受气候条件影响；无污染、无火灾隐患，施工安全性高。

根据抗拉强度以及高应力和大变形条件下反复拉压性能的不同，接头可分为以下三个等级：

Ⅰ级：接头抗拉强度等于被连接钢筋的实际拉断强度，或不小于 1.10 倍钢筋抗拉强度标准值，残余变形小并具有高延性和反复拉压性能。

Ⅱ级：接头抗拉强度不小于被连接钢筋的抗拉强度标准值，残余变形较小并具有高延性和反复拉压性能。

Ⅲ级：接头抗拉强度不小于被连接钢筋屈服强度标准值的 1.25 倍，残余变形较小并具有一定的延性及反复拉压性能。

混凝土结构中要求充分发挥钢筋强度或对延性要求高的部位应优先选用Ⅱ级接头。当在同一连接区段内全部采用钢筋接头的连接时，应采用Ⅰ级接头。混凝土结构中钢筋应力较高但对延性要求不高的部位可采用Ⅲ级接头。

接头的位置宜设在结构构件受拉钢筋应力较小的部位，且宜避开有抗震设防要求的框架的梁端、柱端箍筋加密区。当无法避开时，应采用Ⅱ级接头或Ⅰ级接头，且接头百分率不应大于 50%。当需要在高应力部位设置接头时，在同一连接区段内Ⅲ级接头的接头百分率不应大于 25%，Ⅱ接头的接头百分率不应大于 50%，Ⅰ级接头除设置在有抗震设防要求的框架的梁端、柱端箍筋加密区外，其接头百分率不受限制。

机械连接按接头的形式分为钢筋套筒挤压连接、钢筋锥螺纹套筒连接和钢筋直螺纹套筒连接。

1. 套筒挤压连接

钢筋套筒挤压连接是在常温下采用特殊的钢筋连接机，将钢筋插入特制的套筒内进行径向挤压，使连接用的钢套筒发生塑性变形，依靠变形后的钢套筒与带肋钢筋之间机械咬合成为整体的钢筋连接方法。

2. 锥螺纹套筒连接

钢筋锥螺纹套筒连接是通过钢筋端头特制的锥形螺纹和锥螺纹套管，按规定的力矩值将两根钢筋互相连接起来的方法。适用于直径 16 ~ 40mm 的各种钢筋的连接，所连接钢筋的直径之差不大于 9mm。钢筋锥螺纹套筒连接方法具有施工速度快、接头可靠、操作简单、不用电源、无需专业熟练技工等优点。

3. 直螺纹套筒连接

钢筋直螺纹套筒连接是将两根待连接钢筋端头切削或滚压出直螺纹，然后用管钳扳手旋入直螺纹套筒内。该方法综合了套筒挤压连接和锥螺纹套筒连接的优点，适用于16～24mm直径的各种钢筋的连接。

按螺纹丝扣加工工艺的差别，可分为镦粗直螺纹套筒连接和滚压直螺纹套筒连接两种。

镦粗直螺纹套筒连接是在钢筋端头先采用设备顶、压镦头，使钢筋端头强度增加，而后采用套丝工艺加工成等直径螺纹端头。

滚压直螺纹套筒连接是在钢筋端头先采用对视滚压，使钢筋端头材质硬化，强度增加，而后采用冷压螺纹工艺加工，成钢筋直螺纹端头。

（三）绑扎连接

纵向钢筋绑扎连接是采用20～22号镀锌铁丝,（直径＜12mm的钢筋采用22号铁丝，直径＞12mm的钢筋采用20号铁丝），将两根满足规定搭接长度的纵向钢筋绑扎连接在一起。铁丝的长度只要满足绑扎要求即可，一般是将整捆的铁丝切割为3～4段。钢筋的绑扎接头应在接头中心和两端用铁丝扎牢。同一构件中相邻纵向受力钢筋的绑扎搭接接头宜相互错开。绑扎搭接接头中钢筋的横向净距不应小于钢筋直径，且不应小于25mm。

纵向受压钢筋搭接时，其最小搭接长度应在纵向受拉钢筋最小搭接长度的数值基础上乘以一个0.7的系数取用。且在任何情况下，受压钢筋的搭接长度不应小于200mm。

四、钢筋配料和代换

（一）钢筋配料

钢筋配料是现场钢筋的深化设计，即根据结构配筋图，先绘出各种形状和规格的单根钢筋简图并加以编号，然后分别计算钢筋下料长度和根数，填写配料单。

1. 计算钢筋下料长度

钢筋因弯曲或弯钩会使其长度变化，在配料中不能直接根据图纸中尺寸下料；必须了解混凝土保护层、钢筋弯曲、弯钩等规定，再根据图中尺寸计算其下料长度。

各种钢筋下料长度计算如下：

直钢筋下料长度＝构件长度－保护层厚度＋弯钩增加长度

弯起钢筋下料长度＝直段长度＋斜段长度－弯曲调整值＋弯钩增加长度

箍筋下料长度＝箍筋周长＋箍筋调整值

上述钢筋如须搭接，应增加钢筋搭接长度。

（1）弯曲调整值

钢筋弯曲后的外包尺寸与其下料前的直线长度之间存在一个差值，称量度差值即弯曲调整值。

（2）弯钩增加长度

钢筋的弯钩形式有三种：半圆弯钩、直弯钩及斜弯钩。半圆弯钩是最常用的一种弯钩。直弯钩一般用在柱钢筋的下部、板面负弯矩筋、箍筋和附加钢筋中。斜弯钩只用在直径较小的钢筋中。

在生产实践中，由于实际弯弧内直径与理论弯弧内直径有时不一致，钢筋粗细和机具条件不同等而影响平直部分的长短（手工弯钩时平直部分可适当加长，机械弯钩时可适当缩短），因此，在实际配料计算时，对弯钩增加长度常根据具体条件，采用经验数据。

（3）箍筋调整值

箍筋调整值，即为弯钩增加长度和弯钩调整值两者之差，根据箍筋量外包尺寸或内皮尺寸确定。

2. 配料单与料牌

钢筋配料计算完毕，填写配料单。

列入加工计划的配料单，将每一编号的钢筋制作一块料牌，作为钢筋加工的依据与钢筋安装的标志。钢筋配料单和料牌，应严格校核，必须准确无误，以免返工浪费。

（二）钢筋代换

当钢筋的品种、级别或规格须做变更时，应办理设计变更文件。

1. 代换原则

钢筋的代换可参照以下原则进行：
（1）等强度代换：当构件受强度控制时，钢筋可按强度相等的原则进行代换。
（2）等面积代换：当构件按最小配筋率配筋时，钢筋可按面积相等的原则进行代换。
（3）当构件受裂缝宽度或挠度控制时，代换后应进行裂缝宽度或挠度核算。

2. 代换注意事项

（1）钢筋代换时，要充分了解设计意图、构件特征及代换材料性能，并严格遵守现行混凝土结构设计规范的各条规定。凡重要结构中的钢筋代换，应征得设计单位同意。
（2）代换后，仍能满足各类极限状态的有关计算要求且必要的配筋构造规定；在一般情况下，代换钢筋还必须满足截面对称的要求。
（3）对抗裂要求高的构件（如吊车梁、薄腹梁、屋架下弦等），不得用光圆钢筋代替HRB335、HRB400、HRB500 带肋钢筋，以免降低抗裂度。

（4）对有抗震要求的框架，不宜以强度等级较高的钢筋代替原设计中的钢筋；当必须代换时，应按钢筋受拉承载力设计值相等的原则进行代换，并应满足正常使用极限状态和抗震构造措施要求。

第二节　模板工程

一、模板的基本要求和种类

（一）模板的基本要求

模板系统包括模板、支撑和紧固件三个部分。它能保证混凝土在浇筑过程中保持正确的形状和尺寸，是混凝土在硬化过程中进行防护和养护的工具。为此，模板和支撑必须符合下列要求：保证工程结构和构件各部位形状尺寸和相互位置的正确；其承载能力、刚度和稳定性足够，能可靠地承受新浇筑混凝土的自重和侧压力，以及施工荷载；构造简单、装拆方便，并便于钢筋的绑扎、安装和混凝土的浇筑、养护；模板的连接不应漏浆；能多次周转。

近年来，愈来愈多的工程要求浇筑成清水混凝土或对混凝土的表面有较高要求。这就对模板提出了新的要求：一是要求模板板面具有一定的硬度和耐摩擦、耐冲击、耐碱、耐水及耐热性能；二是要求模板板面面积大、重量轻、表面平整，能浇筑成表面平整光洁的清水混凝土。

（二）模板的种类

模板的种类很多，按材料分类，可分为木模板、钢木模板、胶合板模板、钢模板、塑料模板、玻璃钢模板、铝合金模板、钢丝网水泥模板和钢筋混凝土模板等。

按结构的类型分为：基础模板、柱模板、楼板模板、楼梯模板、墙模板、壳模板、烟囱模板、桥梁墩台模板等。

按施工方法分类，有现场装拆式模板、固定式模板、移动式模板和永久性模板。

1.现场装拆式模板是按照设计要求的结构形状、尺寸及空间位置在现场组装的模板。现场装拆式模板多用定型模板和工具式支撑。

2.固定式模板一般用于制作预制构件，是按构件的形状、尺寸在现场或预制厂制作，如各种胎模（土胎模、砖胎模、混凝土胎模）即属于固定式模板。

3.移动式模板是随着混凝土的浇筑，模板可沿垂直方向或水平方向移动，如滑升模板、爬升模板、提升模板、大模板、飞模等。

4.永久性模板又称一次性消耗模板，即在现浇混凝土结构浇筑后不再拆除，其中有混凝土薄板、玻璃纤维水泥模板、钢桁架型混凝土板、钢丝网水泥模板等。

二、木模板和胶台板模板

（一）木胶合板模板

木胶合板模板分为素板、涂胶板和覆膜板三类。素板是未经表面处理的混凝土模板用胶合板；涂胶板是经树脂饰面处理的混凝土模板用胶合板；覆膜板是经浸渍胶膜纸贴面处理的混凝土模板用胶合板。

混凝土模板用木胶合板通常由 5、7、9、11 层等奇数层单板经热压固化而胶合成型。相邻两层单板的木纹互相垂直，而且最外层板的木纹方向和胶合板的纵向平行，因此，整张胶合板的纵向强度大于横向强度，设计使用时必须加以注意。

（二）竹胶合板模板

竹胶合板模板是由竹席、竹帘、竹片等多种组坯结构木单板等材料复合，专用于混凝土施工的竹胶合板。

我国竹材资源丰富，且竹材具有生产快、生产周期短（一般 2 ~ 3 年成材）的特点。另外，一般竹材顺纹抗拉强度为 $18kN/mm^2$，为松木的 2.5 倍，红松的 1.5 倍；横纹抗压强度为 6 ~ $8kN/mm^2$，是杉木的 1.5 倍，红松的 2.5 倍；静弯曲强度为 15 ~ $16N/mm^2$。因此，在我国木材资源短缺的情况下，以竹材为原料制作的混凝土模板用竹胶合板，具有收缩率小、膨胀率和吸水率低以及承载能力大的特点，是一种具有发展前途的新型建筑模板。

三、定型组合钢模板

（一）钢模板的类型及规格

钢模板包括平板模板、阴角模板、阳角模板、连接角模等通用模板和多种专用类型，其中四种通用类型是最常见的模板类型。

平板模板主要用于基础、柱、墙体、梁和板等多种结构平面部位；阴角模板主要用于结构的内角及凹角的转角部位；阳角模板主要用于结构的外角及凸角的转角部位；连接角模主要用于结构的外角及凸角的转角部位。

（二）钢模板的连接件及支承件

钢模板的连接件包括 U 形卡、L 形插销、对拉螺栓、钩头螺栓、紧固螺栓、扣件。U 形卡用于钢模板纵横向拼接，将相邻模板卡紧固定;L 形插销用来增强钢模板的纵向刚度，保证接缝处板面平整；对拉螺栓用于拉结两侧模板，保证两侧模板的间距，使模板具有足够的刚度和强度，能承受混凝土的侧压力及其他荷载；钩头螺栓用于钢模板与内、外龙骨之间的连接固定；紧固螺栓用于紧固内外钢楞，增强拼接模板的整体刚度；扣件用于钢楞与钢模板或钢楞之间的紧固连接，与其他配件一起将钢模板拼装连接成整体。

支承件包括钢管支架、门式支架、碗扣式支架、盘销（扣）式脚手架、钢支柱、四管支柱、斜撑、调节托、钢楞、方木等。

（三）模板配板设计

模板的配板设计步骤：

1. 根据施工组织设计对施工工期的安排，施工区段和流水段的划分，首先明确需要配置模板的层、段数量。

2. 根据工程情况和现场施工条件，决定模板的组装方法。

3. 根据已确定配模的层段数量，按照施工图纸中柱、墙、梁等构件尺寸，进行模板组配设计。

4. 确定支撑系统的类型，明确支撑系统的布置、连接和固定方法。

5. 进行夹箍和支撑件等的设计计算和选配工作。

6. 确定顶埋件的固定方法、管线埋设方法以及特殊部位的处理方法。

7. 根据所需钢模板、连接件、支撑及架设工具等列出统计表，以便备料。

四、钢框胶合板模板

钢框胶合板模板以钢材或铝材为框架，木胶合板或竹胶合板为面板，亦称板块组合式模板。支撑其板面的框架均在工厂焊接定型，施工现场使用时，只进行板块式模板单元之间的组合。板块式模板的框架一般为矩形，在框架上镶入板面后像一扇门。习惯把在结构上起大梁作用的框架周边称作边框，而把边框内起小梁作用的肋条称作横肋或竖肋。板块式组合模板依据其模板单元面积和重量的大小，可分为轻型和重型两种。在结构构造上，这两种模板的主要区别是边框的截面形状不同。轻型边框是板式实心截面，而重型边框是箱形空心截面。

轻型板块组合式模板的横、竖肋，常见有一字形、T形、L形、Z形等。不同产品的模板主要区别是其边框的截面形状和模板单元之间的组合卡具。边框的截面高度有55mm、63mm、65mm、70mm、75mm或80mm几种，边框高度越大，整块模板的结构刚度也越大。厚度一般为3～5mm。边框上开设许多用于组合卡具穿插的孔洞，常见有圆孔、矩形孔、蝶形孔或椭圆孔。

重型板块组合式模板单元的边框为箱形空心截面，一般没有竖肋。横肋截面也比较简单，常见的有口形、L形等几种。板面用胶合板，厚度一般为15～21mm。板块基本规格较少，模板单元的基本宽度在1m左右，最小宽度一般在0.3m以上。在施工现场组合使用时，小于0.3m的缝隙用胶合板或木材拼补，基本高度一般不超过2.7m，重型板块式模板单元的强度高，刚度大，侧压力都在 60kN/m² 以上。在组合时，组合卡具用量很少。重型板块式模板既有梁板式模板板面接缝少、整体刚度大的特点，又具有轻型板块模板灵活通用的优点，是国外较受关注的一种模板形式。但板块式模板在组合和使用时都是边框之间的接触，因此，对框架的加工质量，特别是几何尺寸要求很高，而梁板式模板的组装和构件的加工难度低得多。

五、模板的拆除

模板的拆除日期取决于混凝土的强度、各个模板的用途、结构的性质、混凝土硬化时的气温。及时拆模，可提高模板的周转率，也可以为其他工作创造条件。但过早拆模，混凝土会因强度不足以承担本身自重，或受到外力作用而变形甚至断裂，造成重大的质量事故。侧模板应在混凝土强度能保证其表面及棱角不因拆除而受损坏时，方可拆除。

拆模顺序一般是先支后拆，后支先拆，先拆除侧模板，后拆除底模板。重大复杂模板的拆除，事前应制订拆模方案。对于肋形楼板的拆模顺序：柱模板楼板底模板—梁侧模板—梁底模板。

多层楼板模板支架的拆除，应按下列要求进行：上层楼板正在浇筑混凝土时，下一层楼板的模板支架不得拆除，再下一层楼板模板的支架仅可拆除一部分；跨度 4m 及 4m 以上的梁下均应保留支架，其间距不得大于 3m。

拆模时，应尽量避免混凝土表面或模板受到损坏，整块下落伤人。拆下来的模板，有钉子时，要使钉尖朝下，以免扎脚。拆完后，应及时加以清理、修理，按种类及尺寸分别堆放，以便下次使用。对定型组合钢模板，倘若背面油漆脱落，应补刷防锈漆。已拆除模板及其支架结构的混凝土，应在其强度达到设计强度标准值后，才允许承受全部使用荷载。当承受施工荷载产生的效应比使用荷载更为不利时，必须经过核算，加设临时支撑。

第三节　混凝土工程

一、混凝土的原材料质量控制

混凝土的组成原材料主要包括水泥、砂、石及拌和水等。

（一）水泥

配制混凝土所用的水泥，应采用硅酸盐水泥、普通硅酸盐水泥、矿渣硅酸盐水泥、火山灰质硅酸盐水泥或粉煤灰硅酸盐水泥，必要时也可采用其他品种水泥，水泥的性能指标必须符合现行国家有关标准的规定。

水泥进场必须有出厂合格证或进场试验报告（强度、凝结时间、安定性、细度、烧失量、三氧化硫、氧化镁七个指标均应填写清楚，不应遗漏），并应对其品种、标号、包装或散装仓号、出厂日期等检查验收。当对水泥质量有怀疑或水泥出厂超过三个月（快硬硅酸盐水泥超过一个月）时，应复查试验，并按试验结果使用。

（二）砂

制备混凝土拌和物时，宜选用级配良好、质地坚硬、颗粒洁净的天然砂、人工砂和混合砂。

配制混凝土时宜优先选用Ⅱ区砂。

当采用Ⅰ区砂时，应提高砂率，并保持足够的水泥用量，以满足混凝土的和易性。

当采用Ⅲ区砂时，宜适当降低砂率，以保证混凝土强度。

当采用特细砂时，应符合相应的规定。

配制泵送混凝土时，宜选用中砂。

使用海砂时，其质量指标应符合现行行业标准《海砂混凝土应用技术规范》（JGJ 206-2010）的规定。

（三）石

石可分为碎石或卵石。由天然岩石或卵石经破碎、筛分而成的，公称粒径大于5.00mm的岩石颗粒，称为碎石；由自然条件作用形成的，公称粒径大于5.00mm的岩石颗粒，称为卵石。

混凝土用石宜采用连续粒级。单粒级宜用于组合成满足要求的连续粒级，也可与连续粒级混合使用，以改善其级配或配成较大粒度的连续粒级。

（四）水

一般符合国家标准的生活饮用水，可直接用于拌制、养护各种混凝土。其他来源的水使用前，应按有关标准进行检验后方可使用。

（五）外加剂

常用的外加剂品种有：减水剂、早强剂、缓凝剂、引气剂、防冻剂、膨胀剂等。选择外加剂的品种，应根据使用外加剂的主要目的，通过技术经济比较确定。

二、混凝土的配料

（一）混凝土试配强度

混凝土配合比的选择是根据工程要求、组成材料的质量、施工方法等因素，通过试验室计算及试配后确定的。所确定的试验配合比应能使拌制出的混凝土满足结构设计的强度等级以及混凝土施工和易性的要求，并应符合合理使用材料和经济的原则，对有抗冻、抗渗等要求的混凝土，尚应符合有关的专门规定。

施工中，按照设计的混凝土强度等级要求确定混凝土的配制强度，以确保混凝土工程的质量。考虑到施工现场实际施工条件的差异和变化，因此，混凝土的试配强度应该比设计的混凝土强度标准值高一些，即

$$f_{cu,o} = f_{cu,k} + 1.645\sigma \quad (3\text{-}1)$$

式中 $f_{cu,o}$——混凝土配制强度，MPa；

$f_{cu,k}$——设计的混凝土立方体抗压强度标准值，MPa；

σ——混凝土强度标准差，MPa。

σ 的取值，当具有近 1 ~ 3 个月的同一品种、同一强度等级混凝土的强度统计资料时，其混凝土强度标准差，应通过资料计算求得。计算时，强度试件组数应不少于30组。对强度等级不大于C30的混凝土：当计算值不小于 3.0MPa 时，σ 应按照计算结果取值；当 σ 计算值小于 3.0MPa 时，σ 应取 3.0MPa。对于强度等级大于C30且小于C60的混凝土：当 σ 计算值不小于 4.0MPa 时，应按照计算结果取值；当 σ 计算值小于 4.0MPa 时，σ 应取 4.0MPa。

（二）混凝土施工配合比

混凝土的配合比是在试验室根据初步计算的配合比经过试配和调整而确定的，又叫试验室配合比。确定试验室配合比时所用的砂、石都是干燥的，而施工现场使用的砂、石都含有一定水分，含水率大小随季节、气候不断变化。为保证混凝土工程质量，保证按配合比投料，在施工时要测出砂、石的实际含水率，并对试验室配合比进行修正，修正后的配合比称为施工配合比。

三、混凝土的拌制

（一）混凝土搅拌机

I. 搅拌机分类

常用的混凝土搅拌机按其搅拌原理主要分为强制式搅拌机和自落式搅拌机两类。

强制式搅拌机的搅拌鼓筒内有若干组叶片，搅拌时叶片绕竖轴或卧轴旋转，将各种材料强行搅拌，真正搅拌均匀。这种搅拌机适用于搅拌干硬性混凝土、流动性混凝土和轻骨料混凝土等，具有搅拌质量好、搅拌速度快、生产效率高、操作简便且安全可靠等优点。

自落式搅拌机的搅拌鼓筒是垂直放置的。随着鼓筒的转动，混凝土拌和料在鼓筒内做自由落体式翻转搅拌，从而达到搅拌的目的。这种搅拌机适用于搅拌塑性混凝土和低流动性混凝土，搅拌质量、搅拌速度等与强制式搅拌机比相对要差些。自落式搅拌机按其搅拌鼓筒的不同分为鼓筒式、锥形反转出料式和双锥形倾翻出料式3种类型。

2.搅拌机的工艺参数

搅拌机每次可搅拌出的混凝土体积称为搅拌机的出料容量。每次可装入干料的体积称为进料容器，搅拌筒内部体积称为搅拌机的几何容量。

（二）混凝土搅拌

1.混凝土搅拌的技术要求

（1）混凝土原材料按重量计的允许累计偏差，不得超过下列规定：

①水泥、外掺料 ±1%；

②粗细骨料 ±2%；

③水、外加剂 ±1%。

（2）混凝土搅拌时间

搅拌时间是影响混凝土质量及搅拌机生产效率的重要因素之一。不同搅拌机类型及不同稠度的混凝土拌和物有不同的搅拌时间。

（3）混凝土原材料投料顺序

投料顺序应从提高混凝土搅拌质量，减少叶片、衬板的磨损；减少拌和物与搅拌筒的黏结，减少水泥飞扬，改善工作环境，提高混凝土强度，节约水泥方面综合考虑确定。

2.混凝土搅拌的质量控制

在拌制工序中，拌制的混凝土拌和物的均匀性应按要求进行检查。在检查混凝土均匀性时，应在搅拌机卸料过程中，从卸料流出的 1/4 ~ 3/4 之间部位取试样，检测结果应符合下列规定：

（1）混凝土中砂浆密度，两次测值的相对误差不应大于 0.8%。

（2）单位体积混凝土中粗骨料含量，两次测值的相对误差不应大于 5%。

（3）混凝土搅拌的最短时间应符合相应规定。

（4）混凝土拌和物稠度，应在搅拌地点和浇筑地点分别取样检测，每工作班抽检不少于两次。

（5）根据需要，如果应检查混凝土拌和物其他质量指标时，检测结果也应符合国家现行标准《混凝土质量控制标准》（GB 50164—2011）的要求。

四、混凝土的运输

混凝土由拌制地点运至浇筑地点的运输分为水平运输和垂直运输。

（一）混凝土水平运输

混凝土水平运输一般指混凝土自搅拌机中卸出来后，运至浇筑地点的地面运输。混凝土如采用预制混凝土且运输距离较远时，混凝土地面运输多用混凝土搅拌运输车；如来自工地搅拌站，则多用载重 1t 的小型机动翻斗车，近距离也用双轮手推车，有时还用皮带运输机和窄轨翻斗车。

预拌混凝土应采用符合规定的运输车运送，运输车在运送时应能保持混凝土拌和物的均匀性，不应产生分层离析现象。

运输车在装料前应将筒内积水排尽。

当需要在卸料前掺入外加剂时，外加剂掺入后搅拌运输车应快速进行搅拌，搅拌的时间应由试验确定。

严禁向运输车内的混凝土任意加水。

混凝土的运送时间是指从混凝土由搅拌机卸入运输车开始至该运输车开始卸料为止。运送时间应满足合同规定。当合同未做规定时，采用搅拌运输车运送的混凝土，宜在 1.5h 内卸料，采用翻斗车运送的混凝土，宜在 1h 内卸料；当最高气温低于 25℃时，运送时间可延长 0.5h。如须延长运送时间，则应采取相应的技术措施，并应通过试验验证。

混凝土的运送频率，应能保证混凝土施工的连续性。

运输车在运送过程中应采取措施，避免遗撒。

（二）混凝土垂直运输

在混凝土施工过程中，混凝土的垂直运输和浇筑是一项关键的工作。它要求迅速、及时，并且保证质量以及降低劳动消耗，从而在保证工程要求的条件下降低工程造价。混凝土垂直运输方式应按施工现场条件，根据合理、经济的原则确定。

混凝土垂直运输是指运输至现场的混凝土，采用输送泵、溜槽、吊车配备斗容器、升降设备配备小车等方式送至浇筑点的过程。输送混凝土时应根据工程所处环境条件采取保温、隔热、防雨等措施。常见的混凝土垂直运输有借助起重机械的混凝土垂直运输和泵送混凝土垂直运输。

混凝土运至浇筑地点时，应检测其稠度，所测稠度值应符合设计和施工要求，其允许偏差值应符合有关标准的规定。

混凝土拌和物运至浇筑地点时的入模温度，最高不宜超过 35℃，最低不宜低于 5℃。

（三）混凝土泵运输

泵送混凝土是在混凝土泵的压力推动下由输送管道进行运输并在管道出口处直接浇筑

的混凝土。泵送施工不仅可以改善混凝土施工性能、提高混凝土质量，而且可以改善劳动条件、降低工程成本。

混凝土泵能一次连续地完成水平运输和垂直运输、效率高、劳动力省、费用低，尤其对于一些工地狭窄和有障碍物的施工现场，用其他运输工具难以直接靠近施工工程，混凝土泵则能有效地发挥作用。

泵送混凝土设备有混凝土泵、输送管和布料装置。

I. 混凝土泵

常用的混凝土输送泵有汽车泵、拖泵（固定泵）、车载泵三种类型。按驱动方式，混凝土泵分为两大类，即活塞泵和挤压式泵。目前，我国主要应用活塞式混凝土泵，它结构紧凑、传动平稳，又易于安装在汽车底盘上组成混凝土泵车。

将液压活塞式混凝土泵固定安装在汽车底盘上，使用时开至需要施工的地点，进行混凝土泵送作业，称为混凝土汽车泵或移动泵车。这种泵车使用方便，适用范围广，它既可以利用在工地配置装接的管道输送到较远、较高的混凝土浇筑部位，也可以发挥随车附带的布料杆作用，把混凝土直接输送到需要浇筑的地点。由于各种输送泵的施工要求和技术参数不同，泵的选型应根据单位时间内的最大排料量和最大泵送距离确定。

2. 混凝土输送管

混凝土输送管有直管、弯管、锥形管和软管。除软管外，目前，建筑工程施工中应用的混凝土输送管多为壁厚 2mm 的电焊钢管以及少量壁厚 4.5mm、5.0mm 的高压无缝钢管。

直管常用的规格直径为 100mm、125mm 和 150mm，长度系列 0.5m、1.0m、2.0m、3.0m、4.0m 几种，由焊接钢管或无缝钢管制成。

弯管多用拉拔铜管制成，常用规格直径多为 100mm、125mm 和 150mm，弯曲角度有 90°、45°、30° 和 15°，常用曲率半径为 1.0m 和 0.5m。

锥形管也是多用拉拔铜管制成，主要用于不同管径的变换处，常用的有 $\phi175 \sim \phi150$、$\phi125 \sim \phi100$，长度多为 1m。在混凝土输送管中必须有锥形管来过滤。锥形管的截面由大变小，混凝土拌和物的流动阻力增大，所以锥形管处是管路容易堵塞之处。

软管多为橡胶软管，是用螺旋状钢丝加固，外包橡胶用高温压制而成，具有柔软、质轻的特性。多是设置在混凝土输送管路末端，利用其柔性好的特点作为一种混凝土拌和物浇筑工具，用其将混凝土拌和物浇注入模。常用的软管管径为 100mm 和 125mm，长度一般为 5m。

3. 布料装置

混凝土泵连接输送的混凝土量很大，为使输送的混凝土直接浇筑到模板内，应设置具有输送和布料两种功能的布料装置，称为布料杆。

目前，我国布料杆的类型主要有楼面式布料杆、井式布料杆、壁挂式布料杆和塔式布料杆。布料杆主要由臂架、转台和回转机构、爬升装置、立柱、液压系统及电控系统组成。布料杆多数采用油缸顶升式及油缸自升式两种方式提升布料杆。

五、混凝土的养护

混凝土浇筑后应及时进行保温养护，保湿养护可采用洒水、覆盖、喷涂养护剂等方式。选择养护方式应考虑现场条件、环境温湿度、构件特点、技术要求、施工操作等因素。

（一）混凝土洒水养护

洒水养护应符合下列规定：

1. 洒水养护宜在混凝土裸露表面覆盖麻袋或草帘后进行，也可采用直接洒水、蓄水等养护方式；洒水养护应保证混凝土处于湿润状态。

2. 洒水养护用水应符合《混凝土用水标准》（JGJ 63-2006）的规定。

3. 当日最低温度低于 5℃时，不应采取洒水养护。

4. 应在混凝土浇筑完毕后的 12h 内进行覆盖浇水养护。

（二）混凝土覆盖养护

覆盖养护应符合下列规定：

1. 覆盖养护应在混凝土终凝后及时进行。

2. 覆盖应严密，覆盖物相互搭接不宜小于 100mm，确保混凝土处于保温保湿状态。

3. 覆盖养护宜在混凝土裸露表面覆盖塑料薄膜、塑料薄膜加麻袋、塑料薄膜加草帘。

4. 塑料薄膜应紧贴混凝土裸露表面，塑料薄膜内应保持有凝结水，保证混凝土处于湿润状态。

5. 覆盖物应严密，覆盖物的层数应按施工方案确定。

（三）混凝土喷涂养护

养护液养护是将可成膜的溶液喷洒在混凝土表面上，溶液挥发后在混凝土表面凝结成一层薄膜，使混凝土表面与空气隔绝，封闭混凝土中的水分不再被蒸发，而完成水化作用。喷涂养护剂养护应符合下列规定：

1. 应在混凝土裸露表面喷涂覆盖致密的养护剂进行养护。

2. 养护剂应均匀喷涂在结构构件表面，不得漏喷。养护剂应具有可靠的保湿效果，保湿效果可通过试验检验。

3. 养护液涂刷（喷洒）后很快就形成薄膜，为达到养护目的，必须加强保护薄膜完整性，要求不得有损坏破裂，发现有损坏时及时补刷（补喷）养护液。

（四）混凝土加热养护

1. 蒸汽养护

蒸汽养护是由轻便锅炉供应蒸汽，给混凝土提供一个高温高湿的硬化条件，加快混凝土的硬化速度，提高混凝土早期强度的一种方法。用蒸汽养护混凝土，可以提前拆模（通常 2d 即可拆模）缩短工期，大大节约模板。

为了防止混凝土收缩而影响质量，并能使强度继续增加，经过蒸汽养护后的混凝土，还要放在潮湿环境中继续养护，一般洒水 7 ~ 21d，使混凝土处于相对湿度在 80% ~ 90% 的潮湿环境中。为了防止水分蒸发过快，混凝土制品上面可遮盖草帘或其他覆盖物。

2. 太阳能养护

太阳能养护是直接利用太阳能加热养护棚（罩）内的空气，使内部混凝土能够在足够的温度和湿度下进行养护，获得早强。在混凝土成型、表面找平收面后，在其上覆盖一层黑色塑料薄膜（厚 0.12 ~ 0.14mm）。再盖一层气垫薄膜（气泡朝下）。塑料薄膜应采用耐老化的，接缝应采用热黏合，覆盖时应紧贴四周，用砂袋或其他重物压紧盖严，防止被风吹开而影响养护效果，塑料薄膜若采用搭接时，其搭接长度不小于 30cm。

第四章　结构安装工程

第一节　钢结构吊装

一、钢材的验收

钢材验收对钢结构工程的质量具有关键的影响，必须严格按照规范规定进行。钢材验收的内容包括进场检验和复验两个方面。

（一）进场检验

1. 钢材信息检查。检查质量保证书中钢材的名称、规格、型号、材质、标准、数量等与设计和采购要求是否一致。

2. 钢材标记检查。检查钢材上的标记与质量保证书的内容是否一致，特别是钢材的炉号、钢号、化学成分及机械性能等指标。

3. 钢材外形和尺寸检查。外形偏差应符合国家标准的相关规定，检查指标包括长度、厚度、宽度、角度和弯曲度等。

4. 钢材外观检查。检查内容包括结疤、裂纹、分层、重皮、砂孔、变形、机械损伤等缺陷。其中钢材表面允许有锈蚀，但是锈蚀深度不应大于钢材厚度负偏差的 0.5 倍。有缺陷的钢材应另行堆放和处理。

（二）钢材复验

对于进场的钢材，当属于下列情况的还应进行复验。

1. 进口钢材；

2. 钢材混批；

3. 板厚 40mm，且厚度方向有性能要求的厚板；

4. 安全等级为一级的建筑结构和大跨度钢结构中主要受力构件所采用的钢材；

5. 设计有复验要求的钢材；

6. 对质量有疑义的钢材。

钢材复验内容包括力学性能试验和化学成分分析，当设计文件无特殊要求时，其取样和试验方法按以下的规定：

（1）对 Q235、Q345 且 t < 40mm（t 为板厚）的钢板，对每个钢厂首批（每种牌号 600t）的钢板或型钢，同一牌号、不同规格的材料组成检验批，按 200t 为一批，当首批复试合格可以扩大至 400t 为一批。

（2）对 Q235、Q345 且 t < 40mm（t 为板厚）的钢板，对每个钢厂首批（每种牌号 600t）的钢板或型钢，同一牌号、不同规格的材料组成检验批，按 100t 为一批，当首批复试合格可以扩大至 400t 为一批。

（3）对 Q390 钢材，对每个钢厂首批（每种牌号 600t），同一牌号、不同规格的材料组成检验批，按 60t 为一批，当首批复试合格可以扩大至 300t 为一批。

（4）对 Q420 和 Q460 每个检验批由同一牌号、同一炉号、同一厚度、同一交货状态的钢板组成，且每批重量不大于 60t；厚度方向断面收缩率复验，Z15 级钢板每个检验批由同一牌号、同一炉号、同一厚度、同一交货状的钢板组成，且每批重量不大于 25t，Z25、Z35 级钢板逐张复验；厚度方向性能钢板逐张探伤复验。

二、钢材的存放

（一）堆放原则及注意事项

钢材堆放要以减少钢材的变形和锈蚀、节约用地、钢材提取和转运方便为原则，同时为便于查找及管理，钢材堆放时宜按品种、规格分别堆放。一般应保证一端对齐，并在对齐端树立标牌，在标牌上标明钢材应用位置、牌号、规格、长度、数量和材质等信息。标牌应定期检查与堆放钢材的一致性。

堆放时每隔 5 ~ 6 层放置木楞，间距以不引起钢材明显弯曲变形为宜。上下层木楞支点应保持在同一个垂直面内。钢材堆放的高度一般不应高于其堆放宽度，当采取相互勾连措施增强其稳定性的情况下，堆放高度可以达到堆放宽度的 2 倍。钢材端部应根据不同牌号涂刷不同颜色，以便区分。

（二）室外堆放

1.堆放场地应平整、坚固，避免因场地柔软而导致钢材变形；堆放的结构物上时，宜进行结构物的受力验算。

2.堆放场一般应高于四周地面或具备较好的排水能力，堆顶面宜略有倾斜并尽量使钢材截面的背面向上或向外，以便雨水及时排走。

3.构件不得直接放在地上，下面须有垫木或条石，应垫高 200mm 以上，以免钢材与地面接触而受潮锈蚀。

4.构件堆场附近不应存放对钢材有腐蚀作用的物品。

（三）室内堆放

1. 在保证室内地面不返潮的情况下，可直接将钢材堆放在地面上，否则需要采取防潮措施或在下方设置垫木和条石，堆与堆之间应留出行走通道。

2. 保证地面坚硬，满足钢材堆放的要求。

3. 应根据钢材的使用情况合理布置各种规格钢材的堆场位置，近期使用的钢材应布置在堆场外侧以便提取。

三、钢结构加工

（一）加工工艺流程

钢结构制作的工序较多，主要包括原料进厂、放样、号料、零部件加工、组装、焊接、检验、除锈、涂装、包装直至发运等。由于制造厂设备能力和构件制作要求各有不同，制定的工艺流程也不完全一样，所以对加工顺序要合理安排，尽可能避免工件倒流，减少来回吊运时间。

（二）钢构件的放样、号料与下料

放样和号料是整个钢结构制作工艺中的第一道工序，其工作的准确与否将直接影响到整个产品的质量，至关重要。为了提高放样和号料的精度和效率，有条件时，应采用计算机辅助设计。

l. 放样

放样是根据产品施工详图或零、部件图样要求的形状和尺寸，按照 1：1 的比例把产品或零、部件的实形画在放样台或平板上，求取实长并制成样板的过程。对比较复杂的壳体零、部件，还需要作图展开。放样的步骤如下：

（1）仔细阅读图纸，并对图纸进行核对。

（2）准备放样需要的工具，包括钢尺、石笔、粉线、划针、圆规、铁皮剪刀等。

（3）准备好做样板和样杆的材料，一般采用薄铁片和小扁钢。可先刷上防锈油漆。

（4）放样以 1：1 的比例在样板台上弹出大样。当大样尺寸过大时，可分段弹出。尺寸划法应避免偏差累积。

（5）先以构件某一水平线和垂直线为基准，弹出十字线；然后据此逐一画出其他各个点和线，并标注尺寸。

（6）放样过程中，应及时与技术部门协调；放样结束，应对照图纸进行自查；最后应根据样板编号编写构件号料明细表。

2. 号料

号料就是根据样板在钢材上画出构件的实样，并打上各种加工记号，为钢材的切割下料做准备。号料的步骤如下：

（1）根据料单检查清点样板和样杆，点清号料数量。号料应使用经过检查合格的样板与样杆，不得直接使用钢尺。

（2）准备号料的工具，包括石笔、样冲、圆规、划针、凿子等。

（3）检查号料的钢材规格和质量。

（4）不同规格、不同钢号的零件应分别号料，并依据先大后小的原则依次号料。对于需要拼接的同一构件，必须同时号料，以便拼接。

（5）号料时，同时卤出检查线、中心线、弯曲线，并注明接头处的字母、焊缝代号。

（6）号孔应使用与孔径相等的圆规规孔，并打上样冲做出标记，便于钻孔后检查孔位是否正确。

（7）号料弯曲构件时，应标出检查线，用于检查构件在加工、装焊后的曲率是否正确。

（8）在号料过程中，应随时在样板、样杆上记录下已号料的数量；号料完毕，则应在样板、样杆上注明并记下实际数量。

3. 切割下料

切割下料就是将放样和号料的零件形状从原材料上进行下料分离。钢材的切割可以通过切削、冲剪、摩擦机械力和热切割来实现。常用的切割方法有气割、机械剪切和等离子切割三种。

气割法是利用氧气与可燃气体混合产生的预热火焰加热金属表面达到燃烧温度并使金属发生剧烈的氧化，放出大量的热，促使下层金属也自行燃烧，同时通过高压氧气射流，将氧化物吹除，从而形成一条狭小而整齐的割缝。随着切割的进行，割缝展现出所需的形状。除手工切割外，常用的机械有火车式半自动气割机、特型气割机等。这种切割方法设备灵活、费用低廉、精度高，是目前使用最广泛的切割方法，能够切割各种厚度的钢材，特别是带曲线的零件或厚钢板。气割前，应将钢材切割区域表面的铁锈、污物等清除干净；气割后，应清除熔渣和飞溅物。

机械切割法可利用上、下两剪刀的相对运动来切断钢材，或利用锯片的切削运动把钢材分离，或利用锯片与工件间的摩擦发热使金属熔化而被切断。常用的切割机械有剪板机、联合冲剪机、弓锯床、砂轮机割机等。其中，剪切法速度快、效率高，但切口略粗糙；锯割可以切割角钢、圆钢和各类型钢，切割速度和精度都较好。机械剪切的零件，其钢板厚度不宜大于 12mm，剪切面应平整。

等离子切割法是利用高温高速的等离子焰流将切口处金属及其氧化物熔化并吹掉来完成切割的，所以能切割任何金属，特别是熔点较高的不锈钢及有色金属铝、铜等。

（三）构件加工

I.矫正

钢材使用前，由于材料内部的残余应力及存放、运输、吊运不当等原因，会引起原材料变形；在加工成型过程中，由于操作和工艺等原因，会引起成型件变形；构件连接过程中，会出现焊接变形等。为了保证钢结构的制作及安装质量，必须对不符合技术标准的材料、构件进行矫正。钢结构的矫正，就是通过外力或加热作用，使钢材较短部分的纤维伸长，或使较长的纤维缩短，以迫使钢材反变形，使材料或构件平直及达到一定几何形状的要求，并符合技术标准的工艺方法。矫正的形式主要有矫直、矫平、矫形三种，按外力来源分为火焰矫正、机械矫正和手工矫正等，按矫正时钢材的温度分为热矫正和冷矫正。

（1）火焰矫正

钢材的火焰矫正是利用火焰对钢材进行局部加热，被加热处理的金属由于膨胀受阻而产生压缩塑性变形，使较长的金属纤维冷却后缩短。

影响火焰矫正效果的因素有三个：火焰加热位置、加热的形式和热量。火焰加热的位置应选择在金属纤维较长的部位。加热的形式有点状加热、线状加热和三角形加热三种。用不同的火焰热量加热，可获得不同的矫正变形的能力。对低碳钢和普通低合金钢构件，常采用 600 ～ 800℃的加热温度。

（2）机械矫正

钢材的机械矫正是在专用矫正机上进行的。

机械矫正的实质是使弯曲的钢材在外力作用下产生过量的塑性变形，以达到平直的目的。它的优点是作用力大，劳动强度小，效率高。

钢材的机械矫正有拉伸机矫正、压力机矫正、多辊矫正机矫正等。拉伸机矫正适用于薄板扭曲、型钢扭曲、钢管、带钢和线材等的矫正。压力机矫正适用于板材、钢管和型钢的局部矫正。多辊矫正机可用于型材、板材等的矫正。

（3）手工矫正

钢材的手工矫正就是锤击，操作简单灵活。手工矫正由于矫正力小、劳动强度大、效率低而适用于尺寸较小的钢材。在缺乏或不便使用矫正设备时，有时也采用。

在钢材或构件的矫正过程中，应注意以下几点：

①为了保证钢材在低温情况下受到外力不至于产生冷脆断裂，碳素结构钢在环境温度低于 -16℃时，低合金结构钢在环境温度低于 -12℃时，不得进行冷矫正。

②由于钢材的特性、工艺的可行性以及成型后的外观质量的限制，冷矫正和冷弯曲的最小曲率半径和最大弯曲矢高应符合有关的规定。

③应尽量避免钢材表面受损，其划痕深度不得大于 0.5mm，且不得大于该钢材厚度负偏差的 1/2。

2.弯卷成型

（1）钢板卷曲

钢板卷曲是通过旋转辊轴对板料进行连续三点弯曲所形成的。当制件曲率半径较大时，可在常温状态下卷曲；如制件曲率半径较小或钢板较厚，则须在钢板加热后进行。钢板卷曲按其卷曲类型可分为单曲率卷制和双曲率卷制。单曲率卷制包括对圆柱面、圆锥面和任意柱面的卷制，操作简便，较为常用。双曲率卷制可实现球面、双曲面的卷制。

钢板卷曲工艺包括预弯、对中和卷曲三个过程。

①预弯。板料在卷板机上卷曲时，两端边缘总有卷不到的部分，即剩余直边。剩余直边在矫圆时难以完全消除，所以一般应对板料进行预弯，使剩余直边弯曲到所需的曲率半径后再卷曲。预弯可在三辊、四辊或预弯压力机上进行。

②对中。将预弯的板料置于卷板机上卷曲时，为防止产生歪扭，应将板料对中，使板料的纵向中心线与滚筒轴线保持严格的平行。

③卷曲。板料位置对中后，一般采用多次进给法卷曲。利用调节上辊筒（三辊机）或侧辊筒（四辊机）的位置使板料初步弯曲，然后来回滚动而卷曲。当板料移至边缘时，根据板边和准线检查板料位置是否正确。逐步压下上辊并来回滚动，使板料的曲率半径逐渐减小，直至达到规定的要求。

（2）型材弯曲

型钢弯曲时，由于截面重心线与力的作用线不在同一平面上，使型钢受弯矩外还受扭矩的作用，引起型钢断面产生畸变。畸变程度取决于应力的大小，而应力的大小又取决于弯曲半径。弯曲半径越小，则畸变程度越大。为了控制应力与变形，应控制最小弯曲半径。如果制件的曲率半径较大，一般采用冷弯，反之则采用热弯。

（3）钢管的弯曲

管材在外力作用下弯曲时，截面会变形，且外侧管壁会减薄，内侧管壁会增厚。在自由状态下弯曲时，截面会变成椭圆形。钢管的弯曲半径一般应不小于管子外径的3.5倍（热弯）至4倍（冷弯）。为了尽可能地减少钢管变形，弯制时通常采取下列措施：在管材中加进填充物（砂或弹簧），用滚轮和滑槽压在管材外面，用芯棒穿入管材内部。

3.边缘加工

在钢结构制造中，经过剪切或气割过的钢板边缘，其内部结构会硬化和变态。为了保证桥梁或重型吊车梁等重型构件的质量，需要对边缘进行加工，其刨切量不应小于2.0mm。

此外，为了保证焊缝质量，考虑到装配的准确性，要将钢板边缘刨或铲成坡口，而且往往还要将边缘刨直或铣平。

一般需要边缘加工的部位包括：吊车梁翼缘板、支座支撑面等具有工艺性要求的加工面，设计图纸中有技术要求的焊接坡口，尺寸精度要求严格的加劲板、隔板、腹板及有孔眼的节点板等。常用的边缘加工方法有铲边、刨边、铣边和碳弧电气刨边四种。

四、钢结构的拼装

钢结构构件预拼装可采用实体预拼装或计算机辅助模拟预拼装。同一类型构件较多时，可选择一定数量的代表性构件进行预拼装。预拼装的目的主要是检验制作的精度及整体性，以便及时调整、消除误差，从而保证构件现场顺利吊装，减少现场特别是高空安装过程中对构件的安装调整时间，有力保证工程的顺利实施。通过预拼装可以及时掌握构件的制作装配精度，对某些超标项目进行调整，并分析产生原因，在以后的加工过程中采取针对性的有效控制措施。钢结构预拼装分为工厂预拼和现场预拼。

（一）工厂拼装

由于受运输、吊装等条件的限制，有时构件要分成两段或若干段出厂。为了保证安装的顺利进行，应根据构件或结构的复杂程度和设计要求，在出厂前预拼装。除管结构为立体预拼装，并可设卡、夹具外，其他结构一般均为平面拼装，且构件应处于自由状态，不得强行固定。

预拼装检查合格后，对上、下定位中心线，标高基准线、交线中心点等应标注清楚、准确；对管结构、工地焊接连接处，除应标注上述标记外，还应焊接一定数量的卡具、角钢或钢板定位器等，以便按预拼装结果进行安装。

（二）现场拼装

构件的现场拼装一般用于桁架的分段单元拼装和网架的分块单元拼装。

拼装场地宜选在设计安装位置的下方或附近，以方便吊装；拼装作业应搭设拼装胎架，胎架应能够周转使用，并保证其平稳可靠，使用前必须测量找平；弦杆拼装应注意两端的方向；腹杆安装根据难易程度进行，一般按照先难后易的顺序。

五、钢结构的连接

钢结构的连接方法，通常有焊接和紧固连接等，其中紧固件连接包括普通紧固件连接、高强度螺栓连接两类。目前，焊接和高强度螺栓连接应用较多。

（一）焊接

焊接是将需要连接的部位加热到熔化状态后使它们连接起来的加工方法，也有在半熔化状态下加压力使它们连接，或在其间加入其他熔化状态的金属，在冷却后使它们连成一体。焊接优点是构件上不需要钻孔，构造简单，加工容易，而且还不削弱构件截面。

1. 焊接的方法及特点

按焊接的自动化程度，焊接方法一般分为手工焊接、半自动焊接及自动化焊接，见表

4-1 所示。

表 4-1　常用焊接方法及特点

焊接方法		特点	适用范围
手工焊	交流焊机	设备简易，操作灵活，可进行各种位置的焊接	普通钢结构
	直流焊机	焊接电流稳定，适用于各种焊条	要求较高的钢结构
埋弧自动焊		生产效率高，焊接质量好，表面成型光滑美观，操作容易，焊接时无弧光，有害气体少	长度较长的对接或贴角焊缝
埋弧半自动焊		与埋弧自动焊基本相同，但操作较灵活	长度较短，弯曲焊缝
CO_2 气体保护焊		利用 CO_2 气体或其他惰性气体保护的焊丝焊接，生产效率高，焊接质量好，成本低，易于自动化，可进行全位置焊接	薄钢板

2. 焊接施工

电弧焊是工程中应用最普遍的焊接形式，本节主要讨论其施工方法。

（1）焊接前准备及焊接后处理

焊前准备包括坡口制备、预焊部位清理、焊条烘干、预热、预变形及高强度钢切割表面探伤等。焊接结束后，应彻底清除焊缝及两侧的飞溅物、焊渣和焊瘤等。无特殊要求时，应根据焊接接头的残余应力、组织状态、熔敷金属含氢量和力学性能，以决定是否需要焊后热处理。

（2）焊接接头

按焊接方法，建筑钢结构中常用的焊接接头分为熔化接头和电渣焊接头两大类。在手工电弧焊中，熔化接头根据焊件的厚度、使用条件、结构形状的不同，又分为对接接头、角接接头、T 形接头和搭接接头等形式。为了提高焊接质量，较厚构件的接头（无论哪种形式）往往要开坡口。开坡口的目的是保证电弧能深入焊缝的根部，使根部能焊透，以便清除熔渣，获得较好的焊缝形态。

（3）焊缝形式

①按施焊的空间位置，焊缝形式可分为平焊缝、横焊缝、立焊缝及仰焊缝四种。平焊的熔滴靠自重过渡，操作简单，质量稳定；横焊时，由于重力，熔化金属容易下淌，而使焊缝上侧产生咬边、下侧产生焊瘤或未焊透等缺陷；立焊焊缝成形更加困难，易产生咬边、焊瘤、夹渣、表面不平等缺陷；仰焊时，必须保持最短的弧长，因此，常出现未焊透、凹陷等质量问题。

②按结合形式，焊缝可分为对接焊缝、角焊缝和塞焊缝三种。

（4）焊接工艺参数的选择

①焊条直径。焊条直径的选择主要取决于焊件厚度、接头形式、焊缝位置和焊接层次

等因素。在一般情况下，可根据焊件厚度选择焊条直径，并倾向于选择较大直径的焊条。在平焊时，焊条直径可大一些；立焊时，直径不超过 5mm；横焊和仰焊时，直径不超过 4mm；开坡口多层焊接时，为了防止产生未焊透的缺陷，第一层焊缝宜采用直径为 3.2mm 的焊条。

②焊接电流。焊接电流的过大或过小都会影响焊接质量，所以应根据焊条的类型、直径、焊件的厚度、接头形式、焊缝空间位置等因素来选择。其中，焊条直径和焊缝空间位置最为关键。另外，立焊时，电流应比平焊时小 15% ~ 20%；横焊和仰焊时，电流应比平焊电流小 10% ~ 15%。

③电弧电压。根据电源特性，由焊接电流决定相应的电弧电压。此外，电弧电压还与电弧长度有关。电弧长则电弧电压高，电弧短则电弧电压低。一般要求电弧长小于或等于焊条直径，即短弧焊。在使用酸性焊条焊接时，为了预热部位或降低熔池温度，有时也将电弧稍微拉长，即所谓的长弧焊。

④焊接层数。焊接层数应视焊件的厚度而定。除薄板外，一般都采用多层焊。焊接层数过少，每层焊缝的厚度过大，对焊缝金属的塑性有不利的影响。每层焊缝的厚度不应大于 4 ~ 5mm。

⑤电源种类及极性。直流电源由于电弧稳定，飞溅小，焊接质量好，一般用在重要的焊接结构或厚板大刚度结构上。其他情况下，应首先考虑交流电焊机。

根据焊条的形式和焊接特点的不同，利用电弧中的阳极温度比阴极高的特点，选用不同的极性来焊接各种不同的构件。用碱性焊条或焊接薄板时，采用直流反接（工件接负极）；而用酸性焊条时，通常采用正接（工件接正极）。

（5）引弧

引弧有碰击法和划擦法两种。碰击法是将焊条垂直于工作进行碰击，然后迅速保持一定距离；划擦法是将焊条端头轻轻划过工件，然后保持一定距离。施工中，严禁在焊缝区以外的母材上打火引弧。在坡口内引弧的局部面积应熔焊一次，不得留下弧坑。

（二）螺栓连接

螺栓是钢结构的主要连接方式，通常用于钢结构构件之间的连接、固定、定位等。连接螺栓分为普通螺栓和高强度螺栓两种。螺栓按照性能等级分为 3.6、4.6、4.8、5.6、5.8、6.8、8.8、9.8、10.9、12.9 十个等级，其中，8.8 级及以上等级的螺栓为高强度螺栓，8.8 级以下（不含 8.8 级）的为普通螺栓。

l. 普通螺栓

（1）种类

普通螺栓按照形式分为六角螺栓、双头螺栓、沉头螺栓、地脚螺栓等；按照制作精度分为 A、B、C 级三个等级，其中，A、B 级为精制螺栓，C 级为粗制螺栓，除了特殊注明外，普通螺栓一般指粗制 C 级螺栓。

（2）螺栓长度计算

螺栓的长度通常是指螺栓螺头内侧面到螺杆端头的长度，一般都是 5mm 进制（长度超长的螺栓，采用 10mm、20mm 进制），影响螺栓长度的因素主要有被连接件的厚度、螺母高度、垫圈的数量及厚度等。

（3）连接要求

①采用普通扳手紧固，使螺栓头、螺母、被连接件接触面和构件表面贴紧。紧固作业应当从中间螺栓开始，对称向两边进行，并且大型接头宜采用复拧。

②永久螺栓的螺栓头和螺母下面应放置平垫圈，以增大承压面积。螺母下面的垫圈不应多于 1 片，螺栓头部下面的垫圈不应多于 2 片。大六角头高强度螺栓连接副，垫圈设置内倒角是为了与螺栓头下的过渡圆弧相配合，因此，在安装时垫圈带倒角的一侧必须朝向螺栓头，否则螺栓头就不能很好与垫圈密贴，影响螺栓的受力性能。对于螺母一侧的垫圈，因倒角侧的表面较为平整、光滑，拧紧时扭矩系数较小，且离散率也较小，所以垫圈有倒角一侧朝向螺母。

③对于槽钢和工字钢等有斜面的螺栓连接，宜采用斜垫圈，以使螺母和螺栓的头部支承面垂直于螺杆，避免螺栓紧固时螺杆受到弯曲力。

④承受动力荷载或重要部位的螺栓连接，设计有防松动要求时，应采用有防松装置的螺母或弹簧垫圈，弹簧垫圈应放置在螺母一侧。

⑤同一个连接接头螺栓数量不应少于 2 个。

⑥螺栓紧固后外露丝扣不应少于 2 扣，紧固质量检查可采用锤敲检查。

2. 高强度螺栓

钢结构用到的高强度螺栓分高强度大六角头螺栓和扭剪型高强度螺栓两种。高强度大六角头螺栓的一个连接副由 1 个螺栓、1 个螺母和 2 片垫圈组成。扭剪型高强度螺栓连接副由一个螺栓、一个螺母和一个垫圈组成。高强度螺栓连接具有安装简便、迅速、能装能拆、承压高、受力性能好、安全可靠等优点。因此，高强度螺栓普遍应用于大跨度结构、工业厂房、桥梁、高层钢框架等重要结构中。

3. 质量检查

（1）扭矩法紧固的螺栓：高强度大六角头螺栓连接用扭矩法施工紧固时，应进行下列质量检查：

①应检查终拧颜色标记，并应用 0.3kg 重小锤敲击螺母对高强度螺栓进行逐个检查，此法称作"锤击法"；

②终拧扭矩应按节点数 10% 抽查，且不应少于 10 个节点；对每个被抽查节点应按螺栓数 10% 抽查，且不应少于 2 个螺栓；

③检查时应先在螺杆端面和螺母上画一直线，然后将螺母拧松约 60°；再用扭矩扳手重新拧紧，使两线重合，测得此时的扭矩应为 $0.9T_{ch} \sim 1.1T_{ch}$。此法也称"松扣 - 回扣法"。

④发现有不符合规定时，应再扩大 1 倍检查；仍有不合格者时，则整个节点的高强度螺栓应重新施拧；

⑤扭矩检查宜在螺栓终拧 1h 以后、24h 之前完成，检查用的扭矩扳手，其相对误差不得大于 ±3%。

（2）转角法紧固的螺栓

高强度大六角头螺栓连接转角法施工紧固，应进行下列质量检查：

①应检查终拧颜色标记，同时应用约 0.3kg 重小锤敲击螺母对高强度螺栓进行逐个检查；

②终拧转角应按节点数抽查 10%，且不应少于 10 个节点；对每个被抽查节点应按螺栓数抽查 10%，且不应少于 2 个螺栓；

③应在螺杆端面和螺母相对位置画线，然后全部卸松螺母，应在按规定的初拧扭矩和终拧角度重新拧紧螺栓，测量终止线与原终止线画线间的角度，应符合要求，误差在 ±3% 者应为合格；

④发现有不符合规定时，应再扩大 1 倍检查；仍有不合格者时，则整个节点的高强度螺栓应重新施拧；

⑤转角检查宜在螺栓终拧 1h 以后、24h 之前完成。

（3）扭剪型高强度螺栓

扭剪型高强度螺栓终拧检查，应以目测尾部梅花头拧断为合格。不能用专用扳手拧紧的扭剪型高强度螺栓，应按高强度大六角头螺栓扭矩法紧固的质量检查要求进行。

螺栓球节点网架总拼完成后，高强度螺栓与球节点应紧固连接，螺栓拧入螺栓球内的螺纹长度不应小于螺栓直径的 1.1 倍，连接处不应出现有间隙、松动等未拧紧情况。

六、单层钢结构安装

单层钢结构的吊装一般按照"先竖向构件，后水平构件"的整体顺序进行。一方面，可以使安装的结构有很好的稳定性，且施工效率高；另一方面，可以将钢结构的纵向累计误差控制在最小。完成竖向构件的安装可以保证已经安装的构件在竖向平面内构成稳定的不变体系，当水平构件安装就位后则构成了稳定的空间结构体系。

（一）基础准备

根据测量控制网对基础轴线、标高进行复核。对于土建单位预先完成的地脚螺栓预埋施工，还需要复核每个螺栓的轴线、标高，对超出规范的采取补救措施，如加大柱底板尺寸，以及在底板上按实际螺栓位置重新钻孔。

检查地脚螺栓外露部分是否有弯曲变形、螺纹是否有损伤；在柱子基础表面弹线，确定柱子的位置；并对基础标高进行找平；柱子的混凝土基础标高一般比钢柱底部标高低 50 ~ 60mm，作为预留间隙；此间隙通过二次注浆使柱子底板与混凝土基础底面形成紧密接触。

（二）起重设备准备

一般单层钢结构安装的起重设备宜按"履带式起重机→汽车式起重机→塔式起重机"的次序选用。由于单层钢结构面积大、跨度大的特点，应优先考虑选用起重量大、机动性好的履带式起重机和汽车式起重机；对于跨度大、高度高的重型工业厂房主体结构及高层结构的吊装，宜选用塔式起重机。

（三）钢构件准备

包括堆放场地的准备和构件的检验。钢构件通常在加工厂制作，然后运至现场直接吊装或经过组拼后进行吊装。钢构件在现场堆放时，重型构件的布置场地应靠近起重设备，轻型构件安排在重型构件的外围。堆放场地一般优先考虑沿起重机开行路线两侧布置，屋架、柱等大型构件应根据吊装工艺确定其布置的位置。钢构件验收包括对其变形、标记和制作精度和孔眼位置的检查，当变形和缺陷超出规范允许偏差时应进行处理。

（四）主要工序及吊装方法

单层钢结构厂房安装时柱、柱间支撑和吊车梁一般采用分件吊装法。屋盖系统吊装通常采用综合吊装法。单层钢结构厂房安装主要包括钢柱安装、吊车梁安装、钢屋架安装等。

1. 钢柱安装

一般钢柱安装常用旋转法和滑行法。对于重型钢柱可采用双机抬吊吊装法。

对于埋入式柱的吊装需要先将杯底清洗干净；然后将钢柱吊至杯口上方，当柱脚悬吊位置稳定并对准杯口后将其落下插入杯口；柱脚落至杯底时，停止落钩，用撬棍调整柱子的位置，然后缓慢将柱子放置于杯底；最后将柱脚螺栓拧紧。

2. 钢吊车梁吊装

钢吊车梁一般采用工具式吊耳或捆绑法进行吊装。在进行安装前应将吊车梁的分中标记引至吊车梁的端头，以利于吊装时按柱牛腿的定位轴线临时定位。

3. 钢屋架吊装

钢屋架本身应具有一定刚度，吊点布置应合理或采用平面外加固措施，以保证吊装过程中屋架不失稳。一般采用在屋架上、下弦上绑扎临时固定加固杆件的方式。

第一榀屋架吊装就位后，应在上弦两侧对称设置缆风绳固定；等到第二榀屋架就位后，每个坡面用一个屋架调整器进行垂直度校正完毕，则可以将屋架两端支座进行固定，然后安装屋架水平和垂直支撑。

第二节　组合结构

一、概述

（一）组合结构体系与施工顺序

钢 - 混凝土组合结构主要包括框架部分为型钢混凝土框架、型钢混凝土外框架＋型钢混凝土核心筒、钢结构外框架＋型钢混凝土核心筒、型钢混凝土筒中筒、型钢混凝土外框架＋钢筋混凝土核心筒、钢结构外框架＋钢筋混凝土核心筒、型钢混凝土外筒＋钢筋混凝土核心筒等结构形式。楼板多为钢 - 混凝土组合楼板。核心筒部分为型钢混凝土。钢 - 混凝土组合结构的施工工艺有以下三种方式：

1. "钢结构（钢骨架）→混凝土结构"，特点是施工工艺简单容易操作，施工速度快。

2. "核心筒→外框架"，特点是技术成熟，应用广泛。

3. 前两种施工工艺的综合，更适合于钢 - 混凝土组合结构，但是作业层次复杂、技术要求高、管理任务重。

当核心筒混凝土结构采用爬模施工时，一般应在结构施工完 4 层后安装爬模，核心筒结构施工完成 6 层后开始外框钢结构安装。当钢结构先行施工时，其施工高度不宜超过混凝土结构施工高度 6 层或者 18m。采用技术保证措施后，也不宜超过 9 层或 27m。

（二）施工段划分

组合结构竖向施工段划分，分钢结构施工和混凝土结构施工两个部分。一个高层组合结构通常包括钢结构框架施工、钢结构外筒、型钢混凝土核心筒、钢筋混凝土核心筒和钢-混凝土组合楼板施工多个施工流水过程。钢结构施工一般依据一个柱节为一个施工段，一个柱节跨越层数从 1 层至 3 层不等。混凝土施工通常以一个结构层为一个施工段。组合结构楼板施工应在钢梁焊接完成之后进行，当柱构件跨越多层时，压型钢板铺设应先从最上层开始，然后是下层，最后铺设中间层。组合结构的流水施工组织比较复杂，应从技术、安全、工期等多个方面进行考量。平面流水施工段划分时，钢结构主要考虑结构的整体性、稳定性和施工的便捷，通常采用由中央向四周对称扩展的方式；混凝土施工应尽量减少施工缝，需要留设施工缝时，应按照设计要求留设于结构合理并方便施工的部位。

二、型钢混凝土梁

（一）施工工艺流程

型钢混凝土梁在型钢安装前应对其进行检验，复核构件外形尺寸；钢梁安装次序按照"先主梁，后次梁"的原则；重量轻的梁可以采用两点绑扎方法起吊，重量大的梁宜设置吊耳起吊，避免引起吊索出现磨损。梁吊装到位后，先用高强螺栓临时固定，临时固定螺栓数量应不少于螺栓总数的1/3；然后对钢梁进行对位和校正。对位和校正工作主要包括使用千斤顶对栓孔对位、钢梁接口的高低差和错边进行调整和校正。校正完成后，应立即对梁端进行螺栓连接，然后再进行焊接固定。为了减小温度应力，梁两端焊接固定施工不可同时进行。

高强螺栓安装完成后，应立即对其进行逐个检查，检查方法包括"小锤敲击法"和"松扣‐回扣法"。"小锤敲击法"通过敲击的声音、振动和会跳反应来判断螺栓连接处是否松动或者有损伤。高强度大六角螺栓除了用"小锤敲击法"逐个检查外，还应在终拧比后进行扭矩检查，扭矩检查采用"松扣‐回扣法"，并应在终拧24h内完成。"松扣‐回扣法"就是：在所检查的螺栓和螺母上画一条直线，标记螺母与螺栓的相对位置。然后将螺母拧松，旋转30°或60°角度，随即再用扭矩扳手将螺母拧回原来标记的位置，并读取扭矩值是否符合规范要求。此外，焊接连接完成后也应对焊缝外观质量和内部缺陷进行检查。检查方法和要求同钢结构施工。

（二）技术保证措施

l. 分层浇筑

由于支设模板后，位于型钢混凝土梁中型钢的上下翼缘部分的边缘空隙较小，给混凝土浇筑带来困难，因此，型钢混凝土梁的混凝土浇筑应采用分层浇筑方式。型钢混凝土浇筑按照截面部位应该至少分3个部分：型钢下部、型钢上下翼缘间及型钢上部。由于型钢下翼缘底部的混凝土容易集聚空气而造成混凝土浇筑不密实，因此宜采用流动性较好的混凝土。浇筑宜从一侧开始灌注，一侧振捣，当另一侧混凝土溢出后再两侧同时浇筑。当混凝土拌和料表面达到型钢上翼缘时，应充分振捣，促使翼缘底部气泡排出。

2. 设置排气孔

由于型钢翼缘间混凝土处于半封闭空间内，特别是上翼缘的腋部容易滞留空气而使混凝土浇筑不密实，因而，为了满足施工要求，在型钢的腹板两侧翼缘上和型钢与型钢柱连接的端部应设置排气孔。

3. 减少钢筋数量

当梁上部和下部钢筋数量较多，特别是多排布置时，会给混凝土浇筑带来麻烦。因此，可以与设计协商尽量采用高强度、大直径钢筋，以减少钢筋根数，增加混凝土的下料空间。

三、型钢混凝土柱、型钢混凝土边框柱剪力墙施工

型钢混凝土柱与型钢混凝土边框柱剪力墙都属于建筑结构中的竖向构件，构造比较相似。当型钢混凝土柱内的型钢截面较大时，固定模板的对拉螺栓无法使用，对于截面较大的柱模板（边长 1200mm）则改用将螺栓一端焊在型钢上的方式固定模板。对于截面较小的柱模板（边长 1200mm）则采用型钢柱箍固定模板。

型钢混凝土柱和剪力墙的钢筋与钢骨构造复杂，包括纵筋、箍筋、剪力墙水平钢筋和竖向分布钢筋及钢骨，特别是节点位置，存在多个构件交会的情况。因而，在钢筋绑扎时应事先确定好顺序，避免发生冲突而造成返工。为了保证外肢箍筋是封闭的，当与型钢发生碰撞时，需要在型钢上预先开设穿筋孔。封闭箍筋穿筋困难时，可以分割成两段，穿孔后再焊接成封闭箍筋。箍筋布置时，焊接和弯钩处应沿柱子的纵轴方向彼此错开位置放置。

四、型钢混凝土梁柱节点

（一）排气孔设置

在组合结构的梁柱节点处，梁的型钢应断开，与柱型钢翼缘焊接连接。由于翼缘面外刚度很弱，因此，为了保证节点的传力性能，需要在其内部设置水平加劲板（也称隔板）。而设置水平加劲板后，型钢柱节点内部构造更加复杂，水平加劲板下部混凝土容易产生气体滞留而引起混凝土不密实，对混凝土浇筑施工质量非常不利。因此，水平加劲板上应开设足够的排气孔，尤其对于封闭性很强的钢管混凝土柱。

（二）箍筋

箍筋对于型钢混凝土柱节点受力性能具有重要影响。钢骨通过外部混凝土的包裹可以改善其稳定性，而外部箍筋的约束又可以提高混凝土的承载力，延迟构件的破坏，因而节点处箍筋的构造不可忽视。然而，由于节点处钢骨、钢筋错综复杂，也给箍筋的设置带来难度，但是必须保证外肢闭合箍筋应对钢管形成围合。此外，有时需要设置内肢闭合箍筋或者单肢拉筋，这时，为了保证节点处的箍筋闭合，往往需要在梁端的型钢腹板和柱型钢腹板上预留箍筋的穿筋孔。型钢翼缘应避免开孔，当箍筋与翼缘发生碰撞时，可以截断箍筋，将其焊接在翼缘上。

（三）受力纵筋

节点处为了避开与柱相交的梁内型钢，梁、柱的纵向受力钢筋宜尽可能靠近角部、成束布置。同时，应保证柱的纵向受力钢筋在节点处连续不间断；梁纵筋布置应避开柱内型钢，尤其是翼缘位置。当无法躲避时，一般采用在柱型钢上设置穿筋孔、在柱型钢上焊接连接板或牛腿、将钢筋连接直螺纹套筒直接焊在柱翼缘上的方式。其中，型钢上设置穿筋孔适用于纵向钢筋穿过型钢腹板的构造，其他形式适用于纵筋与翼缘发生冲突的情况。纵向受力钢筋与连接板或牛腿的焊接长度应满足第四章有关钢筋搭接焊的技术要求。直螺纹套筒与型钢柱焊接宜在钢结构生产厂完成。

当需要在柱的型钢腹板开孔时，腹板截面损失率应≤25%。当必须在翼缘上开孔时，应进行承载力验算，以考察承载力损失。当截面损失不能满足承载力要求时，可采取局部补强措施，补强板件的厚度应不小于翼缘或腹板厚度的1/2，并应避免造成钢板的局部刚度突变和影响混凝土的浇筑质量。

（四）钢筋锚固

在梁柱节点处，型钢、交会的纵筋都会影响梁钢筋的锚固构造。梁钢筋应尽量贯穿梁柱节点，如截面角部钢筋。当与型钢和受力纵筋发生碰撞，又不能贯穿节点时，如果构件截面尺寸能够满足锚固长度，则在节点区域锚固；如果不能满足锚固长度，则与腹板垂直的梁纵向钢筋可以采取在腹板上开孔使其贯通的方式，否则应采用与柱翼缘或腹板焊接的锚固方式，而不宜在翼缘开孔。

五、钢管混凝土柱

（一）主要施工工序及施工方法

1. 准备工作

（1）在吊装前，对钢管构件等进行检验并达到验收要求；

（2）对安装基准面的标高和其表面的定位轴线进行检查；

（3）为了在混凝土浇筑前和浇筑后防止油污和异物对钢管内造成污染，钢管柱的上口应采用临时覆盖措施；

（4）还应安装施工用爬梯，以便于钢管顶端的施工操作；

（5）为了避免螺栓、螺母和垫圈混用，准备好的高强螺栓连接件应采用一套独立包装，并且不能随意堆放而造成丝口损伤。

2.钢管柱吊装与校正

钢管柱通常采用一点吊装。为了保证柱处于便于安装的直立状态，吊点设在钢管顶端。一般需要设置吊耳，也可利用柱端连接板上的吊装孔。由于钢管属于易于变形的薄壁构件，因而起吊时钢柱的根部要垫实，防止损伤钢管底部。钢管柱吊装就位后，应立即进行对位校正，并采取临时固定措施以保证构件的稳定性。即将上柱的柱底端四面中心线与下柱顶端中心线对位，通过上下柱连接端的临时吊耳和连接板，用螺栓临时固定。钢管柱的校正包括标高校正、轴线校正和垂直度校正。

标高校正。上下柱对正就位后，用连接板及高强螺栓将上下柱连接端固定，但是螺栓不拧紧；从三个方向测量下节柱柱顶至上节柱柱底标高参照线之间的距离，通过吊钩升降和撬棍撬动，使三个方向的标高参照线间距均满足要求（一般取400mm）。然后将高强螺栓拧紧，同时在上下柱连接耳板间打入铁楔，标高校正完成。

轴线对位校正。通过在上下柱连接耳板的不同侧面设置垫板，然后拧紧螺栓夹紧连接板，以消除上下柱轴线对位误差。

垂直度校正。通过在钢柱倾斜的一侧锤击铁楔、顶升千斤顶和拉动缆风绳等方法来调整上一节柱的垂直度。

钢管柱的焊接应采取在对称位置、同时、同向（一般为逆时针）、同速度的方式进行。矩形柱起焊位置取距离柱角50mm处，第二层及以后各层施焊的起焊点应距离前一层起焊点30～50mm处。

钢管接长的连接方式有对接焊接、法兰连接和缀板焊接。其中对接焊接钢管表面平整，适用于壁厚不小于10mm的钢管，应用较广泛。当壁厚小于10mm时，可采用其他两种连接方式。

（二）混凝土浇筑

钢管内部混凝土浇筑的方式有泵送顶升浇筑、分层振捣浇筑和高抛免振浇筑三种方式。

I.泵送顶升浇筑

指利用混凝土输送泵将混凝土从钢管柱下部预留的送料孔连续不断地、自下而上顶入钢管柱内，通过泵送压力使得混凝土密实。泵送顶升浇筑的技术要求较高，特别是泵送压力的确定和控制很关键，一般为10～16MPa，并且不可再同时进行外部振捣，以免泵压急剧上升，甚至使浇筑被迫中断。没有特殊的要求，此方法宜作为备选施工方式。

插入送料孔内的混凝土输送管壁厚不应小于5mm，管口向上翘起45°，与钢管柱管壁应密封焊接。钢管柱顶面设置溢流口或排气孔，孔径不小于混凝土输送管管径。钢管柱上的溢流口、浇筑口和排气口应在加工厂完成制作，不能在现场开设；浇筑完成的混凝土强度达到设计强度50%后，割除送料管，并焊接钢板封堵。

2. 分层振捣浇筑

将混凝土自钢管上口灌入，用振捣器振捣密实。管径大于 350mm 时，内部振捣时间不少于 30s/ 次；当管径小于 350mm 时，可采用外部附着式振捣器进行振捣，时间不少于 1min/ 次。每次混凝土的浇筑厚度不宜大于 2m。

3. 高抛免振浇筑

是在钢管柱安装完成一节或多节后，利用混凝土本身的流动性，从钢管上口抛下，高空下落的动能使混凝土在钢管内达到密实均匀。抛落高度应不小于 4m，并适合于管径 ≥ 350mm 的大管径钢管混凝土浇筑；一次抛落混凝土量不宜少于 $0.5m^3$。下料口的直径应比钢管内径小 100 ~ 200mm，以便混凝土下落时，管内空气顺利排出。

钢管内的混凝土浇筑施工应连续进行，必须中断时，间歇时间不应超过混凝土的初凝时间；每次浇筑混凝土前应先浇筑一层厚度为 50 ~ 100mm 的与混凝土相同组分的水泥砂浆，避免混凝土下落高度过大而产生离析。

4. 钢管混凝土柱施工质量检验

钢管混凝土柱施工完成后，应对其施工质量进行检验。钢管混凝土柱的主要质量缺陷包括混凝土浇筑密实度以及钢管与混凝土的黏接效果两个方面。检验方法包括敲击检查、超声检测和钻芯取样检测。敲击检查一般为初步检验方法，就是用工具敲击钢管的不同部位，通过其声音辨别混凝土的密实度。当出现异常情况时，应再进行超声检测。钻芯取样法属于一种破坏性检测方法，利用钻芯取样及对质量可疑部位进行环切取样。虽然这种方法的检测结果比较直观，但由于其对结构构件有损伤，应慎重采用，并且取样后应对钢管损伤部位采取必要的补强措施。

六、钢管柱节点施工

与钢结构节点构造相似，钢管柱与型钢混凝土梁内的型钢连接多采用螺栓连接、焊接连接和栓焊连接三种。当采用栓焊连接时，宜先进行螺栓连接，再进行焊接连接。相比较而言，钢管柱与钢筋混凝土梁的节点构造和施工过程更加复杂一些，连接方式有环梁连接和双梁连接两种。为了便于环梁钢筋的绑扎，有时梁侧模需要在钢筋绑扎完成后再合模。钢筋混凝土梁纵筋伸入环梁端锚固长度应符合规范要求，必要时采取锚固加强措施。钢管混凝土柱的钢管不宜开洞。由于钢筋混凝土梁钢筋必须穿过钢管时而开洞，须符合设计要求，并应对钢管开洞部位进行局部增加壁厚的补强处理，相关技术要求见型钢混凝土柱施工部分。

七、柱脚施工

（一）施工准备

柱脚施工前应对轴线控制点、测量标高和水准控制点进行复核，并对柱脚螺栓的规格型号、柱脚螺栓定位固定架的定位尺寸和定位孔进行验收；然后，在垫层上弹出固定架的中心定位线和柱脚螺栓的定位。施工时，应先将基础底部加强区浇筑完成后，安装完毕底部钢柱后再浇筑剩余部分的混凝土。

（二）螺栓安装

柱脚螺栓安装时，对于柱脚螺栓规格较大、数量较多、基础底板深度较深的情况，需要对螺栓固定架设置支撑架。对于螺栓数量较少、规格较小的情况，则将柱脚螺栓固定架与钢筋网片直接固定。然后在定位固定架预留螺栓孔中穿入地脚螺栓，校正其垂直度、标高、间距等，并将其点焊在钢筋上。在柱脚螺栓安装完成后，混凝土浇筑前，重新对柱的定位轴线和各螺栓的位置线进行复核，确保螺栓上下垂直、水平位置准确。

柱脚螺栓安装完毕后，应马上进行柱脚螺栓保护，即在螺栓丝扣上涂上黄油并用胶布或塑料袋包裹，然后再用铁皮或 PVC 管等保护，以防螺牙附着混凝土或因锈蚀等损害其强度。

（三）混凝土浇筑

对于埋入式柱脚，在基础底板浇筑前需要先将埋入部分钢柱安装就位，再进行柱脚灌浆料施工和基础混凝土浇筑；对于非埋入式柱脚则需要将首节钢柱就位后才能进行柱脚灌浆料的二次灌浆。在混凝土浇筑完毕后，在其初凝前，重新对柱脚螺栓的位置、标高等进行复核，以纠正混凝土浇筑产生的偏差。

在浇筑钢柱底板下混凝土时，其表面应抹平压实，并在钢柱安装前对其进行凿毛处理。待首节钢柱吊装结束并校核完成后，在柱脚底部支设模板，按照设计要求进行二次灌浆。灌浆料从一侧灌入，直至另一侧溢出为止，以利于排出柱脚与混凝土基础之间的空气，使灌浆充实，不得从四周同时灌入。灌浆必须连续进行，不能间断。灌浆过程不宜振捣，必要时可以采用竹条、软绳等拉动来促使浆料流动。每次灌浆层厚度不宜超过 100mm。脱模时应避免灌浆层受到震动和碰撞。模板与柱脚间的水平空隙应控制在100mm 左右，以利于灌浆施工。灌浆结束宜立即采用塑料薄膜覆盖养护或喷涂养护，养护时间不少于 7d。

第三节 装配式预制隔墙板

一、预制隔墙板的分类

装配式预制隔墙板通常采用轻质骨料和细骨料，加胶凝材料，内衬钢筋网片为受力筋，并通过蒸汽养护等工艺加工的墙体材料。近年还有与装饰材料集成一体的新型复合型墙板投入应用。装配式预制隔墙板一般指面密度小于 $90kg/m^3$（90mm 厚）、$110kg/m^3$（120 厚），长宽比不小于 2.5 的预制非承重内隔墙板。按使用的结构部位分为普通墙板、门框板、窗框板、过梁板等；按材料和生产工艺不同分为蒸压加气混凝土板（ALC 板）、玻璃纤维增强水泥轻质多孔板（GRC）、轻集料混凝土隔墙条板、轻质复合墙板（PRC）、钢丝网架轻质夹芯板等。装配式预制隔墙板按断面分为空心条板、实心条板和夹芯条板三种类型，其中，空心板有 GRC 板、轻集料混凝土空心板（工业灰渣空心板）、植物纤维强化空心板、增强石膏空心板等，实心板有硅镁板等，复合板有泡沫钢丝骨架水泥板等。

加气混凝土板是用水泥、石灰、砂为原料制作的高性能蒸压轻质加气混凝土板，有轻质、高强、耐火隔音、环保等特点，按功能用途分为外墙板、屋面板、内隔墙板。本节重点介绍内隔墙板。

GRC 板具有构件薄，耐伸缩、抗冲击、抗裂性能较好，碱度低，自由膨胀率小，同时具有防潮、保温、隔声、环保等方面的优点，施工简单、速度快。

二、预制隔墙板安装施工

（一）基层清理

对隔墙板位置与结构顶板、墙面、地面的结合部位进行清理，剔除凸出的浮浆、混凝土块等，并进行找平。

（二）放线

根据施工图，在地面和墙面及结构楼板底面弹出隔墙轴线和轮廓线、门窗洞口的定位线，并按板材的幅宽弹出分档线，标明门窗尺寸线，板条缝宽一般按 5mm 计算。

（三）隔墙板安装

1. 选材

首先应根据设计图纸，按照层高、连接方式和连接件的尺寸来决定墙板的配板尺寸，必要时应对板条进行裁切，称作配板与裁板。板条隔墙一般板条沿垂直方向安装。墙板的长度按照楼层净高减端 30 ~ 60mm 截取。当墙板宽度与隔墙的长度不符合模数时，应将部分墙板预先拼接加宽或者裁切变窄，使其适合安装尺寸。裁切后板宽度不应小于200mm，并且拼接和裁切的墙板应安装在墙角位置。墙板在安装前应进行筛选，缺棱掉角的墙板应采用与板材相同等级的混凝土进行修补。

隔墙板安装需要使用扁钢卡件和专用胶黏剂。扁钢卡件分 L 形和 U 形。厚度不超过90mm 墙板采用 1.2mm 厚卡件，超过 90mm 厚用 2mm 厚卡件。胶黏剂主要用于板与板、板与主体结构之间的黏接。墙板底部的坐浆一般采用细石混凝土。板与板间板缝灌浆采用1:3 水泥砂浆。

2. 连接构造

（1）板墙顶。墙板顶端与结构连接的方式分为刚性连接和柔性连接。区别在于板墙顶端和底部与楼板的连接方式。

刚性连接：墙板上端与结构底面用砂浆粘接，并且空心条板的上端板孔应局部封堵密实。

柔性连接：对于抗震设防的结构，在墙板上端与主体结构连接处设置 U 形或 L 形卡件，位置选在接缝处。卡件长度取 200mm，间距不大于 600mm，用射钉或膨胀螺栓固定在混凝土结构上，射钉长度应大于 30mm。如果主体结构为钢结构，可以采用焊接固定。

（2）板墙底。板墙下部一般用木楔顶紧后，再用细石混凝土填塞空隙。条板下端距地面的预留安装间隙宜保持在 30 ~ 60mm，并可根据需要调整。木楔的位置应选择在条板的实心肋处，应利用木楔调整位置，两个木楔为一组，使条板就位，可将板垂直向上挤压，顶紧梁、板底部，调整好板的垂直度后再固定。

（3）板墙间。GRC 墙板的两侧一般都分别做成桦头和榫槽。安装时，将两块板的桦头和桦槽涂抹胶黏剂，再进行拼接。在接缝处表面同样涂抹胶黏剂，覆盖玻纤网格布。

3. 安装顺序

（1）有门洞口的墙体，墙板安装应从门洞口两侧向外依次进行。没有门洞口的墙体，墙板可从墙体一端向另一端依次安装。

（2）安装时可先靠墙设置临时固定木方（截面尺寸 100mm ×50mm 大小）或支撑架。预先将 U 形和 L 形卡件固定在结构底面，板缝处将相邻两块板卡住固定。在条板下部打入木楔，并应楔紧。

（3）墙板固定后，在板下填塞 1:2 水泥砂浆或 C20 干硬性细石混凝土，坍落度控制在 0～20mm 为宜，并应在一侧支模，以利于振捣密实。经过防腐处理的木楔，可不撤除。未经防腐的木楔，待填塞的砂浆或细石混凝土养护 3d 后，将木楔撤除，再用 1：2 水泥砂浆或细石混凝土将楔孔堵严。

（4）板缝应采用聚合物砂浆或者胶黏剂填充。轻质混凝土墙板和复合墙板应沿板缝间隔 1/4 板高钉入钢插板。转角和 T 形接头位置，沿高度每隔 700～800mm 钉入销钉或插筋，钉入长度不小于 250mm，随装随钉。

（5）每块墙板安装后，应用靠尺检查墙面垂直度和平整度。双层墙板的分户墙，两层墙板的接缝应相互错开半个板宽。

（6）在板缝、阴阳角处、门窗洞边缘用白乳胶粘贴耐碱玻纤网格布、钢卡件或钢销钉加强。门窗洞口一侧的空心板靠近洞口一侧 120～150mm 范围内的孔洞应用细石混凝土灌实。

（7）隔墙板安装完成后进入养护阶段，24h 内不能受到碰撞，否则应重新校正固定。

（四）埋设线管

墙板内道敷设线管应尽量利用板孔，并应在墙板一侧开洞。对于非空心板，可利用加大板缝或开槽的方式，但是宽度不宜超过 25mm。板面开口、开槽应在墙板安装完成 7d 后进行，尽量用切割机开槽或用电钻开孔，避免用力敲打。管线埋设好后应及时用聚合物砂浆固定及抹平，抹灰层应铺贴 200mm 宽压缝玻纤网格布。墙板不应水平方向开槽，不宜出现贯通两侧的对穿洞，墙板贯穿开洞时直径应小于 200mm。

（五）养护和成品保护

墙板安装完成后，应养护时间应不少于 7d。在此期间，应对墙板采取遮挡和维护等成品保护措施。一方面，防止墙板受到碰撞和横向受力；另一方面，当进行混凝土地面等其他施工作业时，应防止成品隔墙墙面受到污染、损坏。

三、预制隔墙板安装施工的质量要求和检验方法

（一）检验批

条板隔墙的检验批应以同一品种的轻质隔墙工程每 50 间（大面积房间和走廊按轻质隔墙的墙面 300m² 为一间）划分为一个检验批，不足 50 间应划分为一个检验批。对于条板隔墙工程的检查数量，每个检验批应至少抽查 10%，但不得少于 3 间，不足 3 间时应全数检查。

（二）检验项目

检验批质量合格应符合下列规定：主控项目和一般项目的质量应经抽样检验合格；应具有完整的施工操作依据、质量检查记录。

1. 主控项目

（1）隔墙条板的品种、规格、性能、外观应符合设计要求。对于有隔声、保温、防火、防潮等特殊要求的工程，板材应满足相应的性能等级；

（2）条板隔墙的预埋件、连接件的位置、规格、数量和连接方法应符合设计要求；

（3）条板之间、条板与建筑主体结构的结合应牢固，稳定，连接方法应符合设计要求；

（4）条板隔墙安装所用接缝材料的品种及接缝方法应符合设计要求。

2. 一般项目

（1）条板安装应垂直、平整、位置正确，转角应规整，板材不得有缺边、掉角、开裂等缺陷；

（2）条板隔墙表面应平整、接缝应顺直、均匀，不应有裂缝；

（3）隔墙上开的孔洞、槽、盒应位置准确、套割方正、边缘整齐。

3. 质量要求和检验方法

预制隔墙板安装的允许偏差和检验方法见表4-2。

表 4-2　预制隔墙板安装的允许偏差和检验方法

项次	项目	允许偏差 / mm				检验方法
		复合轻质墙板		石膏空心板	钢丝网水泥板	
		金属夹芯板	其他复合板			
1	立面垂直度	2	3	3	3	用2m垂直检测尺检查
2	表面平整度	2	3	3	3	用2m靠尺和塞尺检查
3	阴阳角方正	3	3	3	4	用直角检测尺检查
4	接缝高低差	1	2	2	3	用钢直尺和塞尺检查

第五章　工程项目进度管理

第一节　工程项目进度管理概述

一、进度管理的概念

（一）工程项目进度管理

工程项目进度管理是指在项目实施过程中，对各阶段的进展程度和项目最终完成的期限所进行的管理。其目的是保证项目能在满足其时间约束条件的前提下实现其总体目标，它是保证项目如期完成和合理安排资源供应、节约工程成本的重要措施之一。

工程项目进度管理是项目管理的一个重要方面，它与项目投资管理、项目质量管理等同为项目管理的重要组成部分。它们之间有着相互依赖和相互制约的关系：进度加快，需要增加投资，但工程能够提前使用就可以提高投资效益；进度加快有可能影响工程质量，而质量控制严格，则有可能影响进度，但如因质量的严格控制而不至于返工，又会相应加快进度。因此，工程管理人员在实际工作中要对这三项工作全面、系统、综合地加以考虑，正确处理好进度、质量和投资的关系，提高工程建设的综合效益。特别是对一些投资较大的工程，如何确保进度目标的实现，往往对经济效益产生很大影响。在这三大管理目标中，我们不能只片面强调某一方面的管理，而是要相互兼顾、相辅相成，这样才能真正实现项目管理的总目标。

工程项目进度管理包括工程项目进度计划的制订和工程项目进度计划的控制两大部分内容。

（二）工程项目进度计划

在项目实施之前，必须先对工程项目各建设阶段的工作内容、工作程序、持续时间和衔接关系等制订出一个切实可行的、科学的进度计划，然后再按计划逐步实施。

工程项目进度计划的作用如下：

1. 为项目实施过程中的进度控制提供依据。

2. 为项目实施过程中的劳动力和各种资源的配置提供依据。

3. 为项目实施过程中有关各方在时间上的协调配合提供依据。

4. 为在规定期限内保质、高效地完成项目提供保障。

（三）工程项目进度控制

工程项目进度控制是指工程项目进度计划制订以后，在项目实施过程中，经常检查实际进度是否按进度计划要求进行，对出现的偏差分析原因，采取补救措施或调整、修改原进度计划，直至工程竣工、交付使用，以确保项目进度计划总目标得以实现的活动。

工程项目进度控制最终目的是确保项目进度计划目标的实现，其总目标是建设工期。

（四）工程项目进度计划控制的指导思想

在进行项目进度计划控制时，人们必须明确一个指导思想，即计划不变是相对的，变是绝对的；平衡是相对的，不平衡是绝对的。因此，人们必须经常地、定期地针对变化的情况，采取对策，对原有的进度计划进行调整。

世间万物都是处于运动变化之中，人们制订项目进度计划时所依据的条件也在不断变化之中。工程项目的进度受许多因素的影响，人们必须事先对影响进度的各种因素进行调查，预测它们对进度可能产生的影响，编制可行的进度计划，指导建设工作按进度计划进行。然而在进度计划执行过程中，必然会出现一些新的或意想不到的情况，它既有人为因素的影响，也有自然因素的影响和突发事件的发生，往往造成难以按照原定的进度计划进行。因此，人们不能认为制订了一个科学合理的进度计划后就一劳永逸，放弃对进度计划实施的控制。当然，也不能因进度计划肯定要变，而对进度计划的制订不重视，忽视进度计划的合理性和科学性。正确的方法应当是：在确定进度计划制订的条件时，要具有一定的预见性和前瞻性，使制订出的进度计划尽量符合变化后的实施条件；在项目实施过程中，掌握动态控制原理不断进行验查，将实际情况与计划安排进行对比，找出偏离进度计划的原因，特别是找出主要原因，然后采取相应的措施。措施的确定有两个前提：一是通过采取措施，维持原进度计划，使之正常实施；二是采取措施后不能维持原进度计划，要对进度计划进行调整或修正，再按新的进度计划实施。不能完全拘泥于原进度计划的完全实施，也就是要有动态管理思想，否则就会适得其反，使实际进度计划总目标的根本目的难以达到。

这样不断地计划、执行、检查、分析、调整进度计划的动态循环过程，就是进度控制。

二、影响进度的因素分析

（一）影响进度的因素

影响工程项目进度的因素很多，可以归纳为人为的因素，技术因素，材料、设备与构配件的因素，机具因素，资金因素，水文、地质与气象因素，其他环境、社会因素以及其他难以预料的因素等。其中，人的因素影响很多，从产生的根源看，有来源于建设单位和上级机构的；有来源于设计、施工及供货单位的；有来源于政府建设主管部门、有关协作单位和社会的。现列举常见的影响因素如下：

1. 业主使用要求改变或设计不当而进行设计变更。

2. 业主应提供的场地条件不能及时或不能正常满足工程需要，如施工临时占地申请手续未及时办妥等。

3. 勘察资料不准确，特别是地质资料错误或遗漏而引起的未能预料的技术障碍。

4. 在设计、施工中采用不成熟的工艺、技术方案失当。

5. 图样供应不及时、不配套或出现差错。

6. 外界配合条件有问题，交通运输受阻，水、电供应条件不具备等。

7. 计划不周，导致停工待料和相关作业脱节，工程无法正常进行。

8. 各单位、各专业、各工序间交接、配合上的矛盾，打扰计划安排。

9. 材料、构配件、机具、设备供应环节的差错，品种、规格、数量、时间不能满足工程的需要。

10. 受地下埋藏文物的保护、处理的影响。

11. 社会干扰，如外单位邻近施工干扰、节假日交通、市容整顿的限制等。

12. 安全、质量事故的调查、分析、处理以及争执的调节、仲裁等。

13. 向有关部门提出各种申请审批手续的延误。

14. 业主资金方面的问题，如未及时向施工单位或供应商拨款。

15. 突发事件影响，如恶劣天气、地震、临时停水、停电、交通中断、社会动乱等。

16. 业主越过监理职权无端干涉，造成指挥混乱。

（二）产生干扰的原因

产生各种干扰的原因可分以下三大类：

1. 错误地估计了工程项目的特点及项目实现条件，包括过高地估计了有利因素和过低地估计了不利因素，甚至对工程项目风险缺乏认真分析。

2. 工程项目决策、筹备与实施中各有关方面工作上的失误。

3. 不可预见事件的发生。

（三）影响因素按干扰的责任和处理分类

按照干扰的责任及其处理，又可将影响因素分为工程延误和工程延期两大类。

1. 工程延误。由于承包商自身的原因造成的工期延长，称为工程延误。

由于工程延误所造成的一切损失由承包商自己承担，包括承包商在监理工程师的同意下所采取加快工程进度的任何措施所增加的费用。同时，由于工程延误所造成的工期延长，承包商还要向业主支付误期损失补偿费。由于工程延误所延长的时间不属于合同工期的一部分。

2. 工程延期。由于承包商以外的原因造成施工期的延长，称为工程延期。

经过监理工程师批准的延期，所延长的时间属于合同工期的一部分，即工程竣工的时间等于标书中规定的时间加上监理工程师批准的工程延期时间。可能导致工程延期的原因有：工程量增加，未按时向承包商提供图样，恶劣的气候条件，业主的干扰和阻碍等。判断工程延期总的原则就是除承包商自身以外的任何原因造成的工程延长或中断。

在工程中出现的工程延长是否为工程延期，对承包商和业主都很重要。因此，应按照有关的合同条件，正确地区分工程延误与工程延期，合理地确定工程延期的时间。

三、进度控制的主要方法

工程项目进度控制的方法主要有行政方法、经济方法和管理技术方法等。

（一）进度控制的行政方法

控制进度的行政方法，是指上级单位及上级领导、本单位的领导，利用其行政地位和权力，通过发布进度指令，进行指导、协调、考核；利用激励手段（奖、罚、表扬、批评等），监督、督促等方式进行进度控制。

使用行政方法进行进度控制，其优点是直接、迅速、有效，但要提倡科学性，防止主观、武断、片面的瞎指挥。

行政方法控制进度的重点应当是进度控制目标的决策和指导，在实施中应由实施者自己进行控制，尽量减少行政干涉。

通过行政手段审批项目建议书和可行性研究报告，对重大项目或大中型项目的工期进行决策，批准年度基本建设计划、制定工期定额，招投标办公室批准标底文件中的开、竣工日期及总工期等，都是行之有效的控制进度的行政方法。

（二）进度控制的经济方法

进度控制的经济方法，是指有关部门和单位用经济手段对进度控制进行影响和制约。主要有以下几种方法：建设银行通过投资投放速度控制工程项目的实施进度；在承包合同中写明有关工期和进度的条款；建设单位通过招标的进度优惠条件鼓励施工单位加快进度；建设单位通过工期提前奖励和工程延误罚款实施进度控制，通过物资的供应进行控制等。

（三）进度控制的管理技术方法

进度控制的管理技术方法主要是监理工程师的规划、控制和协调。所谓规划，是确定项目的总进度目标和分进度目标；所谓控制，是在项目进展的全过程中，进行计划进度与实际进度的比较，发现偏离，及时采取措施进行纠正；所谓协调，是协调参加工程建设各单位之间的进度关系。

四、进度控制的措施

进度控制的措施包括组织措施、技术措施、合同措施、经济措施和信息管理措施等。

（一）组织措施

工程项目进度控制的组织措施主要如下：

1.落实进度控制部门人员，具体控制任务和管理职责分工。

2.进行项目分解，如按项目结构分，按项目进展阶段分，按合同结构分，并建立编码体系。

3.确定进度协调工作制度，包括协调会议举行的时间、协调会议的参加人员等。

4.对影响进度目标实现的干扰和风险因素进行分析。风险分析要有依据，主要是根据多年统计资料的积累，对各种因素影响进度的概率及进度拖延的损失值进行计算和预测，并应考虑有关项目审批部门对进度的影响等。

（二）技术措施

工程项目进度控制的技术措施是指采用先进的施工工艺、方法等以加快施工进度。

（三）合同措施

工程项目进度控制的合同措施主要有分段发包、提前施工以及合同的合同期与进度计划的协调等。

（四）经济措施

工程项目进度控制的经济措施是采用它以保证资金供应的措施。

（五）信息管理措施

工程项目进度控制的信息管理措施主要是通过计划进度与实际进度的动态比较，收集有关进度的信息等。

五、项目实施阶段进度控制的主要任务

项目实施阶段进度控制的主要任务有设计前的准备进度控制、设计阶段的进度控制以及施工阶段进度控制等。

（一）设计前的准备阶段进度控制

设计前的准备阶段进度控制的任务主要如下：

1.向建设单位提供有关工期的信息，协助建设单位确定其总目标。

2.编制项目总进度计划。

3.编制准备阶段详细工作计划。

4.施工现场条件调研和分析等。

（二）设计阶段进度控制

设计阶段进度控制的任务主要如下：

1.编制设计阶段工作进度计划。

2.编制详细的出图计划等。

（三）施工阶段进度控制的任务

1.编制施工总进度计划。

2.编制施工年、季、月实施计划等。

第二节　进度监测与调整的系统过程

一、进度监测的系统过程

在建设项目实施过程中，管理人员要经常地监测进度计划的执行情况。进度检测系统过程包括以下工作：

（一）进度计划执行中的跟踪检查

跟踪检查的主要工作是定期收集反映实际工程进度的有关数据。收集的方式一是以报表的形式；二是进行现场实地检查。收集的数据质量要高，不完整或不正确的进度数据将导致不全面或不正确的决策。

为了全面准确地了解进度计划的执行情况，管理人员还须认真做好以下三个方面的工作：

第一，经常定期地收集进度报表资料。进度报表是反映实际进度的主要方式之一，按进度检查规定的时间和报表内容，执行单位应经常填写进度报表。管理人员根据进度报表数据了解工程实际进度。

第二，现场检查进度计划的实际执行情况。加强进度检测工作，掌握实际进度的第一手资料，使其数据更准确。

第三，定期召开现场会议。定期召开现场会议，管理人员与执行单位有关人员面对面了解实际进度情况，同时也可以协调有关方面的进度。

究竟多长时间进行一次进度检查，这是管理人员应当确定的问题。通常，进度控制的效果与收集信息资料的时间间隔有关，不经常定期收集进度信息资料，就难以达到进度控制的效果。进度检查的时间间隔与工程项目的类型、规模、各相关单位有关条件等多方面因素相关。可视具体情况每月、每半月或每周进行一次。在特殊情况下，甚至可能每日进行一次。

收集的数据要进行整理、统计和分析，形成与计划具有可比性的数据。例如，根据本期检查实际完成量确定累计完成量、本期完成的百分比和累计完成的百分比等数据资料。

实际进度与计划进度对比是将实际进度的数据与计划进度的数据进行比较。通常，可以利用表格和图形进行比较，从而得出实际进度比计划进度拖后、超前还是一致。

二、进度调整的系统过程

在项目进度监测过程中，一旦发现实际进度与计划进度不符，即出现进度偏差时，进度控制人员必须认真分析产生偏差的原因及对后续工作和总工期的影响，并采取合理的调整措施，确保进度总目标的实现。

（一）分析产生进度偏差的原因

经过进度监测的系统过程，了解到实际进度产生了偏差。为了调整进度，管理人员应深入现场进行调查，分析产生偏差的原因。

（二）分析偏差对后续工作和总工期的影响

在查明生产偏差原因之后，做必要的调整之前，要分析偏差对后续工作和总工期的影响，确定是否应当调整。

（三）确定影响后续工作和总工期的限制条件

在分析了对后续工作和总工期的影响后，需要采取一定的调整措施时，应当首先确定进度可调整的范围，主要指关键工作、关键线路、后续工作的限制条件以及总工期允许变化的范围。它往往与签订的合同有关，要认真分析，尽量防止后续分包单位提出索赔。

（四）采取进度调整措施

采取进度调整措施，应以后续工作和总工期的限制条件为依据，对原进度计划进行调整，以保证要求的进度目标实现。

（五）实施调整后的进度计划

在工程继续实施中，将执行调整后的进度计划。管理人员要及时协调有关单位的关系，并采取相应的经济、组织与合同措施。

第三节　工程项目进度计划实施的分析对比

一、横道图比较法

在用横道图表示的项目进度计划表中，用不同颜色或不同线条将实际进度横道线直接画在计划进度的横道线之下，就可十分直观、明确地反映实际进度与计划进度的关系。

这种比较方法直观、清晰，但只适用于各项工作都是匀速进行，即每单位时间内完成的工作量相等的情况。当工作安排为非匀速进行时，就要对横道图的表示方法稍做修改，使横道的长度只表示投入的工作时间，而所完成的工作量累计百分比在横道上下两侧用数字表示。

二、S形曲线比较法

对于大多数工程项目来讲，在其开始实施阶段和将要完成的阶段，由于准备工作及其他配合事项等因素的影响，其进展程度一般都比较缓慢，而在项目实施的中间阶段，一切趋于正常，进展程度也要稍快一些，其单位时间内完成的工作量曲线，此时其累计完成工作量曲线就为一个中间陡而两头平缓的形如"S"的曲线。

（一）工作实际进度与计划进度的关系

如按工作实际进度描出的点在计划S形曲线左侧，则表示此时刻实际进度已比计划进度超前；反之，则表示实际进度比计划进度拖后。

（二）实际进度超前或拖后的时间

从图中我们可以得知实际进度比计划进度超前或拖后的具体时间。

（三）工作量完成情况

由实际完成的S形曲线上的一点与计划S形曲线相对应点的纵坐标可得，此时已超额或拖欠的工作量的百分比差值。

（四）后期工作进度预测

在实际进度偏离计划进度的情况下，如工作不调整，仍按原计划安排的速度进行，则总工期必将超前或拖延，从中也可得知此时工期的预测变化值。

三、"香蕉"曲线比较法

在绘制某个工程项目计划进度的累计完成工作量曲线时，当按各工作的最早开始时间得到一条S形曲线（简称ES曲线）后，在同一坐标上再按各工作的最迟开始时间绘制另一条S形曲线（简称LS曲线）。此时可发现，两条曲线除开始点和结束点重合外，其他各点，ES曲线皆在LS曲线的左侧，形如一支"香蕉"，故称其为"香蕉"曲线。理想的工程项目实施过程，其实际进度曲线应处于香蕉状图形以内。

利用"香蕉"曲线进行比较，所获得信息和S形曲线基本一致，但由于它存在按最早开始时间的计划曲线和最迟开始时间的计划曲线构成的合理进度区域，从而使得判断实际进度是否偏离计划进度及对总工期是否会产生影响更为明确、直观。

四、横道图与"香蕉"曲线综合比较法

横道图与"香蕉"曲线综合比较法，是将横道图与"香蕉"曲线重叠绘制于同一图中，通过此图对实际进度进行比较。这种比较法最大的优点是既能反映工程项目中各项具体工作实际进度与计划进度的关系，又能反映工程项目本身总的进度与计划进度的关系。通过分析可以得到如下信息：

第一，通过横道图可以得知各项工作按最早开始时间和最迟开始时间的计划进度安排。

第二，通过"香蕉"曲线可以得知工程项目总体进度计划。

第三，通过横道图中实际进度线可以得知各项工作与计划进度的差距。

第四，通过工程项目实际进程的S形曲线位置，可以得知工程项目总体进度与计划进度的差距。

第四节　工程项目施工阶段的进度控制

一、施工进度控制目标及其分解

保证工程项目按期建成交付使用，是工程建设施工阶段进度控制的最终目标。为了有效地控制施工进度，首先要对施工进度总目标从不同角度进行层层分解，形成施工进度控

制目标体系，从而作为实施进度控制的依据。

工程建设不但要有项目建成交付使用的确切日期这个总目标，还要有各单项工程交工动用的分目标以及按承包单位、施工阶段和不同计划期划分的分目标。各目标之间相互联系，共同构成工程建设施工进度控制目标体系。其中，下级目标受上级目标的制约，下级目标保证上级目标的实现，最终保证施工进度总目标的实现。

（一）按项目组成分解，确定各项工程开工及动用日期

各单项工程的进度目标在工程项目建设进度计划及工程建设年度计划中都有体现。在施工阶段应进一步明确各单项工程的开工和交工动用日期，以确保施工总进度目标的实现。

（二）按承包单位分解，明确分工条件和承包责任

在一个单项工程中有多个承包单位参加施工时，应按承包单位将单项工程的进度目标分解，确定出各分包单位的进度目标，列入分包合同，以便落实分包责任，并根据各个专业工程交叉施工方案和前后衔接条件，明确不同承包单位工作面交接的条件和时间。

（三）按施工阶段分解，划分进度控制分界点

根据工程项目的特点，应将其施工分成几个阶段，如土建工程可分为基础、结构和内外装修等阶段。每一阶段的起止时间都要有明确的标志。特别是不同单位承包的不同施工段之间，更要明确划定时间分界点，以此作为形象进度的控制标志，从而使单项工程进度目标具体化。

（四）按计划期分解，组织综合施工

将工程项目的施工进度控制目标按年度、季度、月（或旬）进行分解，并用实物工程量、货币工作量及形象进度表示，将更有利于工程管理人员对各承包单位的进度要求。同时，还可以据此监督其实施，检查其完成情况。计划期缩短，进度目标越细，进度跟踪就越及时，发生进度偏差时就更能有效地采取措施予以纠正。这样，就形成一个有计划有步骤协调施工，长期目标对短期目标自上而下逐级控制，短期目标对长期目标自上而下逐级保证，逐步趋近进度总目标的局面，最终达到工程项目按期竣工交付使用的目的。

二、施工进度控制目标的确定

为了提高进度计划的预见性和进度控制的主动性，在确定施工进度控制目标时，必须全面细致地分析与工程项目进度有关的各种有利因素和不利因素。只有这样，才能定出一个科学、合理的进度控制目标。确定施工进度控制目标的主要依据有：工程建设总进度目标对施工工期的要求；工期定额、类似工程项目的实际进度；工程难易程度和工程条件的

落实情况等。

在确定施工进度分解目标时，还应考虑：

第一，对于大型工程建设项目，应根据尽早分期分批交付使用的原则，集中力量分期分批建设，以便尽早投入使用，尽快发挥投资效益。这时，为保证每一交付使用部分能形成完整的生产能力，就要考虑这些部分交付使用时所必需的全部配套项目。因此，要处理好前期动用和后期建设的关系，每期工程中主体工程与辅助及附属工程之间的关系等。

第二，合理安排土建与设备的综合施工。要按照它们各自的特点，合理安排土建施工与设备基础、设备安装的先后顺序及搭接、交叉或平行作业，明确设备工程对土建工程的要求和土建工程为设备工程提供施工条件的内容及时间。

第三，结合本工程的特点，参考同类工程建设的经验来确定施工进度目标。避免只按主观愿望盲目确定进度目标，而在实施过程中造成进度失控。

第四，做好资金供应能力、施工力量配备、物资（材料、构配件、设备）供应能力与施工进度需要的平衡工作，确保工程进度目标的要求。

第五，考虑外部协作条件的配合情况。包括施工过程中及项目竣工交付使用所需的水、电、气、通信、道路及其他社会服务项目的满足程序和满足时间。必须与有关项目的进度目标相协调。

第六，考虑工程项目所在地区地形、地质、水文、气象等方面的限制条件。

总之，要想对工程项目的施工进度实施控制，就必须有明确合理的进度目标。

三、工程项目施工进度控制工作内容

工程项目的施工进度从审核承包单位提交的施工进度计划开始，直至工程项目保修期满为止，其工作内容主要有：

（一）编制施工阶段进度控制工作细则

施工进度控制工作细则主要内容包括：

1. 施工进度控制目标分解图。

2. 施工进度控制的主要工作内容和深度。

3. 进度控制人员的具体分工。

4. 进度控制有关各项工作的时间安排与工作流程。

5. 进度控制的方法（包括进度检查日期、数据收集方式、进度报表格式、统计分析方法等）。

6. 进度控制具体措施（包括组织措施、技术措施、经济措施以及合同措施等）。

7. 施工进度控制目标实现的风险分析。

8. 尚待解决的有关问题。

（二）编制或审核施工进度计划

施工总进度计划应确定分期分批的项目组成；各批工程项目的开工、竣工顺序以及时间安排；全场性准备工程，特别是首批准备工程的内容与进度安排等。

施工进度计划审核的内容主要有：

1. 进度安排是否符合工程项目建设总进度计划中总目标和分目标的要求，是否符合施工合同中开、竣工日期的规定。

2. 施工总进度计划中的项目是否有遗漏，分期工程是否满足分批交付使用的需要和配套交付使用的要求。

3. 施工顺序的安排是否符合施工程序的要求。

4. 劳动力、材料、构配件、机具和设备的供应计划是否能保证进度计划的实现，供应是否均衡，需求高峰期是否有足够能力实现计划供应。

5. 业主的资金供应能力是否能满足进度需要。

6. 施工进度的安排是否与设计单位的图样供应进度相一致。

7. 业主应提供的场地条件及原料、设备，特别是国外设备的到货与进度计划是否衔接。

8. 分包单位分别编制的各项单位工程施工进度计划之间是否相协调，专业分工与计划衔接是否明确合理。

9. 进度安排是否合理，是否有造成违约而导致索赔的可能存在。

（三）按年、季、月编制工程综合计划

在按计划期编制的进度计划中，工程管理人员应着重解决各承包单位施工进度计划之间，施工进度计划与资源（包括资金、设备、机具、材料及劳动力）保障计划之间及外部协作条件的延伸性计划之间的综合平衡与相互衔接问题。并根据上期计划的完成情况对本计划做必要的调整，从而作为承包单位近期执行的指令性计划。

（四）下达工程开工令

监理工程师应根据承包单位和业主双方关于工程开工的准备情况，选择合适的时机发布工程开工令。工程开工令的发布要尽可能及时，从发布工程开工令之日起加上合同工期后即为工程竣工日期。如果开工令拖延就等于推延了竣工时间，甚至可能引起承包单位的索赔。

为了检查双方的准备情况，在一般情况下应由监理工程师组织召开由业主和承包单位参加的第一次工地会议。业主应按照合同规定，做好征地拆迁工作，及时提供施工用地。同时还应当完成法律及财务手续，以便能及时向承包单位支付工程预付款。承包单

位应当将开工所需要的人力、材料及设备准备好，同时还要按合同规定为监理工程师提供各种条件。

（五）协助承包单位实施进度计划

工程管理人员要随时了解施工进度计划执行过程中所存在的问题，并帮助承包单位予以解决，特别是承包单位无力解决的内外关系协调问题。

（六）监督施工进度计划的实施

这是工程项目施工阶段进度控制的经常性工作。工程管理人员不仅要及时检查承包单位报送的施工进度报表和分析资料，同时还要进行必要的现场实地检查，核实所报送的已完成项目时间及工程量，杜绝虚报现象。

在对工程实际进度资料进行整理的基础上，工程管理人员应将其与计划进度相比较，以判定实际进度是否出现偏差。如果出现进度偏差，工程管理人员应进一步分析此偏差对进度控制目标的影响程度及其产生的原因，以便研究对策，提出纠偏措施。必要时，还应对后期工程进度计划做适当的调整。

（七）驻地现场协调会

工程管理人员应每月、每周定期召开现场协调会议，以解决工程施工过程中的相互协调配合问题。在每月召开的高层协调会上通报工程项目建设中的变更事项，协调其后果处理，解决各个承包单位之间以及业主与承包单位之间的重大协调配合问题。在每周召开的管理层协调会上，通报各自进度状况，存在的问题及下周的安排，解决施工中的相互协调配合问题。通常包括各承包单位之间的进度协调问题；工作面交接和阶段成品保护责任问题；场地与公用设施利用中的矛盾问题；某一方面断水、断电、断路、开挖要求对其他方面的协调问题以及资源保障、外协条件配合问题等。

在平行、交叉施工单位多，工序交接频繁且工期紧迫的情况下，现场协调会甚至需要每日召开。在会上通报和检查当天的工程进度，确定薄弱环节，部署当天的赶工任务，以便为次日正常施工创造条件。

对于某些未曾预料的突发变故或问题，工程管理人员还可以通过发布紧急协调指令，督促有关单位采取应急措施维护工程施工的正常秩序。

（八）签发工程进度款支付凭证

工程管理人员应对承包单位申报的已完分项工程量进行核实，在质量监理人员通过检查验收后签发工程进度款支付凭证。

（九）审批工程延期

I. 工程延误

当出现工程延误，工程管理人员有权要求承包单位采取有效措施加快施工进度。如果经过一段时间后，实际进度没有明显改进，仍然拖后于计划进度，而且显然将影响工程按期竣工时，工程管理人员应要求承包单位修改进度计划，并提交工程管理人员重新确认。

工程管理人员对修改后的施工进度计划的确认，并不是对工程延期的批准，它只是要求承包单位在合理的状态下施工。因此，工程管理人员对进度计划的确认，并不能解除承包单位应负的一切责任，承包单位需要承担赶工的全部额外开支和误期损失赔偿。

2. 工程延期

如果由于承包单位以外的原因造成工期拖延，承包单位有权提出延长工期的申请。工程管理人员应根据合同规定，审批工程延期时间。经工程管理人员核实批准的工程延期时间，应纳入合同工期，作为合同工期的一部分。即新的合同工期应等于原定的合同工期加上工程管理人员批准的工程延期时间。

工程管理人员对于施工进度的拖延是否为工期延期，对承包单位和业主都十分重要。承包单位得到工程管理人员批准的工期延期，不仅可以不赔偿由于工期延长而支付的误期损失费，而且还要由业主承担由于工期延误所增加的费用。

（十）向业主提供进度报告

工程管理人员应随时整理进度资料，并做好工程记录，定期向业主提交工程进度报告。

（十一）督促承包单位整理技术资料

工程管理人员要根据工程进展情况，督促承包单位及时整理有关技术资料。

（十二）审批竣工申请报告，协助组织竣工验收

当工程竣工后，工程管理人员应审批承包单位在自行预验基础上提交的初验申请报告，组织业主和设计单位进行初验。在初验通过后填写初验报告及竣工申请书，并协助业主组织工程项目的竣工验收，编写竣工验收报告书。

（十三）处理争议和索赔

在工程结算过程中，工程管理人员要处理有关争议和索赔问题。

（十四）整理工程进度资料

在工程完工以后，工程管理人员应将工程进度资料收集起来，进行归类、编目和建档，以便为今后其他类似工程项目的进度控制提供参考。

（十五）工程移交

工程管理人员应督促承包单位办理工程移交手续，颁发工程移交证书。在工程移交后的保修期内，还要处理验收后质量问题的原因即责任等争议问题，并督促责任单位及时修理。当保修期结束且无争议时，工程项目进度控制的任务即告完成。

第五节　网络计划执行中的管理

一、网络计划执行中的管理内容

网络计划执行过程中的管理工作主要包括以下内容：

1. 检查并掌握实际施工进度情况，进行跟踪记载。
2. 分析计划提前或拖后的主要原因。
3. 决定应采取的相应措施或补救办法。
4. 及时调整计划。

二、实际施工进度的记载

记载实际施工进度是检查和调整网络计划的依据，并有利于积累资料，总结分析，不断提高进度计划编制和管理水平。

在应用和推广网络计划方法的实践中，广大施工管理人员创造了很多记载实际施工进度的方法。

三、网络计划的检查

网络计划的定期检查是监督计划执行情况的最有效方法。检查网络计划，首先必须收集反映网络计划实际执行情况的有关信息，按照一定的方法进行记录。

网络计划检查的记录方法主要有以下几种：

（一）用实际进度前锋线记录计划执行情况

实际进度前锋线（简称前锋线）是我国首创的、用于时标网络计划的控制工具。它是在网络计划执行中的某一时刻正在进行的各项工作的实际进度前锋的连线。在时标网络图上绘制前锋线的关键是标定工作的实际进度前锋的位置。

前锋线应自上而下地从检查的时间刻度出发，用直线依次连接各项工作的实际进度前锋点，最后到达计划检查的时间刻度为止。前锋线可用彩色线标画，不同检查时刻绘制的相邻前锋线可采用不同颜色标画。

前锋线的标定方法有按已完成的工程实物量比例标定和按完成该工作所需时间标定两种：

1. 按已完成的工程实物量比例标定。时标图上箭线的长度与相应工作的持续时间相对应，也与其工程实物量成正比。检查进度计划时，某工作的工程实物量完成了几分之几，其前锋线就从表示该工作的箭线起点自左至右标在箭线长度几分之几的位置。

2. 按完成该工作所需时间标定。有些工作的持续时间是难以按工程实物量来计算的，只能根据经验用其他办法来估算。要标定检查进度计划时的实际进度前锋位置，可采用原来的估算方法估算出该时刻到该工作全部完成还需要的时间，从表示该工作的箭线末端反向自右至左标出前锋位置。

（二）在图上用文字或适当的符号记录

当采用无时标网络计划时，可在图上直接用文字、数字、适当符号或列表记录进度计划实际执行情况。

对网络计划的检查应定期进行，检查周期的长短应根据计划工期的长短和管理的需要确定。定期检查根据计划的作业性和控制性程度不同，可以一日、双日、五日、周、旬、半月、一月、一季度、半年等为周期。定期检查有利于检查的组织工作，使检查有计划性，还可使网络计划检查成为例行性工作。

应急检查是指当计划执行突然出现意外情况而进行的检查，或者是上级派人检查及进行特别检查。应急检查之后可采取"应急措施"，其目的是保证资源供应、排除障碍等，以保证或加快原计划进度。

（三）网络计划检查的主要内容

第一，关键工作进度（为了采取措施调整或保证计划工期）。

第三，非关键工作进度及尚可利用的时差（为了更好地发掘潜力，调整或优化资源，并保证关键工作按计划实施）。

第三，实际进度对各项工作之间逻辑关系的影响（为了观察工艺关系或组织关系的执行情况，以进行适时的调整）。

第四，费用资料分析。

四、网络计划检查结果分析

对网络计划执行情况的检查结果进行分析判断，即对工作的实际进度做出正常、提前或延误的判断；对未来进度状况进行预测，做出网络计划的计划工期可按期实现、提前实现或拖期的判断。

（一）对时标网络计划用前锋线进行检查与分析

分析目前进度。以表示检查计划时刻的日期线为基准线，前锋线可以看成描述实际进度的波形图。前锋线处于波峰上的线路相对于相邻线路超前，处于波谷上的线路相对于相邻线路落后；前锋点在基准线前面（右侧）的线路比原计划超前，在基准线后面（左侧）的线路比原计划落后。画出了前锋线，整个工程在该时刻的实际进度便一目了然。

（二）预测未来进度

将现时刻的前锋线与前一次检查时的前锋线进行对比分析，可以在一定范围内对工程未来的进度和变化趋势做出预测。

当然，一条线路上的不同工作之间进展速度可能很不相同，但对于同一道工作，尤其是持续时间较长的工作来说，上述预测方法对于指导施工、控制进度具有重要的意义。

（三）对网络计划跟踪调整

在控制进度时，一般应尽量地使各条线路平衡发展。前锋线上的正波峰应予以放慢，负波谷必须加快，负波峰和正波谷则要视实际情况进行处理。有的线路，虽然在目前暂时落后，但是在其前方有时差可以利用，落后的天数未超过将可以利用的时差或者它的进展速度较快，可以预见在不久的将来会赶上来，不致影响其他线路的进展，对它可以不予处理。如果落后的是关键线路，或者虽然不是关键线路，但是已落后得太多，超过了前方可以利用的时差，或进展速度较慢，可以预见在未来将落后更多，将妨碍到关键线路的进展（那时它将成为新的关键线路）就必须采取措施使之加快。

有些领先的非关键线路，也可能受到其他线路的制约，在中途不得不临时停工。这样，也会造成窝工浪费。通过进度预测，我们可以及时预见这种情况，采取预防措施，避免临时窝工。

工程管理人员根据时标网络计划进行生产、调度时，依靠图上的日期线，可以查出任何一天计划要求进行哪几项工作。在执行计划中，当情况发生变化引起组织逻辑改变，施工顺序有了变更，或者各条线路的实际进度同计划进度有出入时，原来的日期线就失去了上述作用，这时，实际进度前锋线将代替日期线发挥这种作用。前锋线可以看成是弯折了的日期线。这样有了前锋线，不管组织逻辑如何改变，实际进度与原计划有多少出入，时标网络图都不必重画，用它来进行生产的安排、调度仍很方便，这就解决了所谓"情况多变，网络易破"的问题。

实际上，每画一条前锋线，就是对网络计划的一次调整。如果设想把前锋线拉直成垂直线，那么，它的右边就会出现一个根据目前实际进度调整后的子网络。若把前锋线看成是一个被拉成一条线的节点，那么，它右边的子网络也完全符合时标网络图的规则。因此，用前锋线来进行网络计划管理的过程，也就是对计划跟踪检查、调整的过程。

由于前锋线对实际进度做了形象的记录，工程施工完毕，画有各个时刻的实际进度前锋线的网络计划，就是一份宝贵的原始资料，可以对整个工程的进度管理工作做出评价，又可以反过来检查原进度计划和使用定额的正确性，为以后的进度计划管理提供依据。

五、网络计划的调整

网络计划的调整是在其检查、分析发现矛盾之后进行的，通过调整解决矛盾。

（一）网络计划调整内容

网络计划的调整可包括以下内容：
1. 关键线路长度的调整；
2. 非关键工作时差的调整；
3. 增、减工作项目；
4. 调整网络计划逻辑关系；
5. 重新估算某些工作的持续时间；
6. 对资源的投入做相应调整。

（二）调整关键线路长度

关键线路上所有的工作都是关键工作，其机动时间最小（或没有机动时间）。其中，任何一项工作作业时间的缩短或延长，都会影响整个工程进度。当关键线路上某些工作的作业时间缩短了，则有可能出现关键线路转移；当关键线路上某些工作的作业时间延长了，势必影响整个工程进度。因此，必须集中精力抓关键线路和关键工作，经常分析和研究这些线路和工作是否有可能提前或拖期，并找出原因，采取对策。

针对不同情况可选用下列不同的方法来调整关键线路的长度。

l. 关键线路提前

当关键线路的实际进度比计划进度提前时，首先要确定是否对原计划工期予以缩短，分两种情况进行处理。

第一，如果不想缩短原计划工期，则可利用这个机会降低资源强度和费用，方法是选择后续关键工作中资源占用量大的或直接费用高的关键工作予以适当延长，延长时间不应超过已完成的关键工作提前的时间量。

第二，如果要使提前完成的关键线路的效果变成整个计划工期的提前完成，则应将进度计划的未完成部分做一个新的进度计划，重新计算与调整。按新的进度计划执行，并保证新的关键工作按新计算的时间完成。

2.关键线路滞后

当关键线路的实际进度比计划进度落后时，进度计划调整的任务是采取措施把落后的时间抢回来。于是，应在未完成的关键线路中选择资源强度小的关键工作予以缩短，重新计算未完成部分的时间参数，按新参数执行，这样做有利于减少赶工费用。

（三）非关键工作的调整

当非关键线路上某些非关键工作的作业时间延长了，但不超过其总时差的范围，则不致影响整个工程进度。当非关键工作的作业时间延长值超过了其总时差的范围，则势必影响整个工程进度。

第一，时差调整的目的是充分利用资源，降低成本，满足施工需要。

第二，时差的调整不得超过总时差。

第三，每次调整均须进行时间参数计算，从而观察每次调整对计划全局的影响。

第四，调整的方法共三种：即在总时差范围内移动工作；延长非关键工作的持续时间和缩短工作的持续时间。

（四）增、减工作项目

第一，增、减工作项目均不应打乱原网络计划总的逻辑关系，以便使原进度计划得以实施。

第二，增、减工作项目只能改变局部的逻辑关系，此局部改变不影响总的逻辑关系。

第三，增加工作项目只是对原遗漏或不具体的逻辑关系进行补充。

第四，减少工作项目只是对提前完成了的工作项目或原不应设置而设置了的工作项目予以删除。

第五，增、减工作项目之后，应重新计算时间参数，以分析此调整是否对原网络计划工期有影响，如有影响，应采取措施使之保持不变。

（五）调整逻辑关系

逻辑关系改变的原因，必须是实际情况要求改变施工方法或组织方法。一般来说，只能调整组织关系，而工艺关系不宜进行调整，以免打乱原进度计划。调整逻辑关系是以不影响原定计划工期和其他工作的顺序为前提的，调整的结果绝对不应形成对原进度计划的否定。

（六）重新估计某些工作的持续时间

当发现某些工作的原持续时间有误或实现条件不充分时，应重新估算其持续时间，并重新计算时间参数，观察其对总工期的影响。

（七）对资源投入做相应调整

当资源供应发生异常（即因供应满足不了需要、中断或强度降低）影响到计划工期的实现时，应采用资源优化方法对进度计划进行调整或采取应急措施，使其对工期的影响最少。

第六节　工程项目物资供应的进度控制

一、物资供应进度控制的含义

物资供应进度控制是物资管理的主要内容之一。工程项目物资供应进度控制的含义是在一定的资源（人力、物力、财力）条件下，实现工程项目一次性特定目标的过程对物资的需求进行计划、组织、协调和控制。其中，计划是把工程建设所需的物资供给纳入计划轨道，进行预测、预控，使整个供给有序地进行；组织是划清供给过程诸方的责任、权利和利益，通过一定的形式和制度，建立高效率的组织保证体系，确保物资供应计划的顺利实施；协调主要是针对供应的不同阶段，所涉及的不同单位和部门，沟通和协调它们的情况和步调，使物资供应的整个过程均衡而有节奏地进行；控制是对物资供应过程的动态管理，使物资供应计划的实施始终处在动态的循环控制过程中，经常定期地将实际供应情况与计划进行对比，发现问题，及时进行调整，对确保工程项目所需物资按时供给，最终实现供应目标。

根据工程项目的特点，在物资供应进度控制中应注意以下几个问题：

第一，由于工程项目的特殊性和复杂性，使物资的供应存在一定的风险性。因此，要求编制周密的计划并采用科学的管理方法。

第二，由于工程项目的局部的系统性和整体的局部性，要求对物资的供应建立保证体系，并处理好物资供应与投资、质量、进度之间的关系。

第三，材料的供应涉及众多不同的单位和部门，因而给材料管理工作带来一定的复杂性，这就要求与有关的供应部门认真签订合同，明确供求双方的权利与义务，并加强各单位各部门之间的协调。

二、物资供应的特点

工程项目在施工期间必须按计划逐步供应所需物资。由于工程建设的特点，使工程项目物资供应具有如下特点：

第一，物资供应的数量大，品种多。

第二，材料和设备费用占整个工程造价的比例大。一般建筑产品的材料费约占工程造价的 60% ~ 70%，工业项目的材料和设备费占工程造价的比例更大。

第三，物资消耗不均匀。由于建筑施工任务的不均衡性和单件性，以及工程项目不同，施工阶段消耗的物资不同，使得物资的供应在整个建设过程中呈现不均衡性，有时材料的供应甚至会出现较大的高峰和低谷现象。

第四，受内部条件影响大。物资供应计划往往受到工程本身内部条件变化的影响。例如，设计的变更、工程施工进度的变化等，都可能引起物资供应计划的重新安排。

第五，受外部条件影响大。由于物资供应本身就是一个复杂的系统过程，涉及一系列的活动，如订货、购货、运输、检查、贮存、发放等。其中，任何一个环节发生变化，都会影响物资供应计划的顺利实施。多变的外部环境条件，更增加了物资供应工作的复杂性。

第六，物资市场情况复杂多变。由于材料和设备的品种、质量差异较大，规格时常变化，供货条件复杂，供货单位多，而且各单位服务质量、信誉各不相同，这就要求物资供应的管理必须适应市场条件。

三、物资供应进度目标

工程项目物资供应是一个复杂的系统过程，为了确保这个系统过程的顺利实施，必须首先确定这个系统的目标（包括系统的分目标），并以此目标制订不同时期和不同阶段的物资供应计划，用以指导实施。由此可见，物资供应目标的确定，是一项非常重要的工作，没有明确的目标，计划难以制订，控制工作便失去了意义。

物资供应的总目标就是按照物资需求适时、适地、按质、按量以及成套齐备地提供给使用部门，以保证项目投资目标、进度目标和质量目标的实现。为了总目标的实现，还应确定相应的分目标。目标一经确定，应通过一定的形式落实到各有关的物资供应部门，并以此作为对他们的工作进行考核和评价的依据。

（一）物资供应与施工进度的关系

事实上，物资供应与工程实施进度是相互衔接的。

1. 物资供应滞后施工进度

在工程实施过程中，常遇到的问题就是由于物资的到货日期推迟而影响工程进度。而且，在大多数情况下，引起到货日期推迟的因素是不可避免的，也是难以控制的。但是，如果控制人员随时掌握物资供应的动态信息，并且及时地采取相应的补救措施，就可以避免因到货日期推迟所造成的损失或者把损失减少到最低限度。

2. 物资供应超前施工进度

确定物资供应进度目标时，应合理安排供应进度及到货日期。物资过早进场，将会给现场的物资管理带来不利，增加投资，其主要原因有：

（1）需要增大仓库、堆场的面积，增加临时设施费用。

（2）当所供应的材料为易腐品时，须增加仓库的防腐设施费用。

（3）如果材料设备在现场存放太久，由于偷盗、损耗以及二次搬运所造成的损失也将是很大的。

（4）由于资金的过早占用而失掉资金利息，使实际投资增加。

为了有效地解决好以上的问题，必须认真确定物资供应目标（总目标和分目标），并合理制订物资供应计划。

（二）物资供应目标和计划的影响因素

在确定目标和编制供应计划时，应着重考虑以下几个问题：

1. 确定能否按工程项目进度计划的需要及时供应材料，这是保证工程进度顺利实施的物质基础

2. 资金是否能够得到保证；

3. 物资的供应是否超出了市场供应能力；

4. 物资可能的供应渠道和供应方式；

5. 物资的供应有无特殊性要求；

6. 已建成的同类或相似项目的物资供应目标和实际计划；

7. 其他（如市场，气候，运输等）。

四、物资供应计划的编制

工程建设物资供应计划是对工程项目施工及安装所需物资的预测和安排，是指导和组织工程项目的物资采购、加工、储备、供货和使用的依据。它的最根本作用是保障工程建设的物资需要，保证按施工进度计划组织施工。

物资供应计划的一般编制程序分为准备阶段和编制阶段。准备阶段主要是调查研究，收集有关资料，进行需求预测和购买决策。编制阶段主要是核算需要、确定储备、优化平衡、审查评价和上报或交付执行。

在编制的准备阶段必须明确物资的供应方式。一般情况，按供货渠道可分为国家计划供应和市场自行采购供应；按供应单位可分建设单位采购供应，专门物资采购部门供应，施工单位自行采购或共同协作分头采购供应。

（一）物资供应计划的分类

物资供应计划从不同的角度可以分为不同的类别，如按计划期限可分为中长期计划、年度计划、半年计划、季（或月，旬）计划和临时计划等。还可以按材料自然属性和作用分类等。这里重点讲述按物资供应计划的内容和用途分类，主要有物资需求计划、物资供

应计划、物资储备计划、申请与订货计划、采购与加工计划以及国外进口物资计划。

（二）物资供应计划的编制

1. 物资需求计划的编制

物资需求计划是指反映完成项目物资需用情况的计划。它的编制依据主要有图样、预算、工程合同、项目总进度计划和各分包工程提交的材料需求计划等。物资需求计划的主要作用是确认需求，涉及施工中大量的建筑材料、制品、机具和设备，确定其需求的品种、型号、规格、数量和时间。它为组织备料、确定仓库与堆场面积和组织运输等提供了依据。

一般情况，物资需求计划包括一次性需求计划和各计划期需求计划。编制需求计划的关键是确定需求量。

（1）工程项目一次性需求计划用量的确定

一次性需求计划反映整个工程项目及各分部、分项工程材料的需用量，亦称工程项目材料分析。主要用于组织货源和专用特殊材料、制品的落实，其计算程序大体分三个步骤。

①根据设计文件、施工方案和技术措施，计算或直接套用施工预算中工程项目各分部、分项的工程量。

②根据各分部、分项的施工方法，套取相应的材料消耗定额，求得各分部、分项工程各种材料的需求量。

③汇总各分部、分项工程的材料需求量，求得整个建设工程各种材料的总需求量。

（2）计划期需求量的确定

计划期材料需求量一般是指年、季、月度用料计划，主要用于组织材料采购、订货和供应。主要依据已分解的各年度施工进度计划，按季、月作业计划确定相应时段的需求量。其编制方式有计算法和卡断法两种。计算法是将计划期施工进度计划中的各分部、分项工程量，套取相应的物资消耗定额，求得各分部、分项需求量，然后再汇总求得计划期各种物资的总需求量。卡断法是根据计划期施工进度的形象部位，从工程项目一次性计划中摘出与施工计划相应部位的需求量，然后汇总求得计划期各种物资的总需求量。

2. 物资储备计划的编制

物资储备计划是根据物资需求计划和物资储备定额编制的，储备施工中所需各类材料的计划。物资供应计划的编制依据是物资需求计划、储备定额、储备方式、供应方式和场地条件等。

3. 物资供应计划的编制

物资供应计划是反映物资的需要与供应的平衡，安排供应的计划。它的编制依据是需求计划、储备计划和货源资料等。它的作用是组织指导物资供应工作。

物资供应计划的编制，是在确定计划需求量的基础上，经过综合平衡后，提出申请和采购量。因此，供应计划的编制过程也是平衡过程，包括数量、时间的平衡。在实际中，首先考虑的是数量的平衡。计划期的需用量还不是申请量或采购量，即还不是实际的需用量，必须扣除库存量，考虑为保证下一期施工必要的储备量。因此，供应计划的数量平衡关系：期内需用量减去期初库存量加上期末储备量。经过上述平衡出现正值时，是本期的不足，需要补充；反之，出现负值时，是本期多余，可供外调。

4. 申请、订货计划的编制

申请、订货计划是指向上级要求分配材料的计划和分解配置下达后组织订货的计划。它的编制依据是有关材料供应政策法令、预测任务、概算定额、分配指标、材料规格比例和供应计划。它的主要作用是根据需求组织订货。

5. 采购、加工计划的编制

采购、加工计划是指向市场采购或专门加工订货的计划。它的编制依据是需求计划、市场供应信息、加工能力及分布。它的主要作用是组织和指导采购与加工工作。加工、订货计划要附加工详图。

6. 国外进口物资计划的编制

国外进口物资计划是指需要从国外进口物资又得到动用外汇的批准后，填报进口订货卡，通过外贸谈判、签约。它的编制依据是设计选用进口材料所依据的产品目录、详本。它的主要作用是组织进口材料和设备的供应工作。

五、物资供应进度控制

（一）物资供应进度控制程序

简单地说，所谓物资供应的控制是指在项目实施过程中，经常定期地对供应计划的目标值与实际值进行比较。发现偏离，纠偏，再偏离，再纠偏，直到物资供应目标最终实现。与三大目标控制相类似，物资供应的控制也是一个动态循环渐进的过程。

（二）物资供应计划的检查与调整

1. 物资供应计划检查与调整的系统过程

物资供应计划在执行过程中，必须监督供应单位按计划适时、按质、按量供应，并在执行中不断将实际供应情况与供应计划比较，找出差异，及时调整与控制计划的执行。在物资供应计划执行中，内外部条件的变化对供应计划执行可能产生影响。例如，施工进度的变化（提前或拖延）、设计的变更、价格变化、市场供应部门突然出现的供货中断以及一些意外情况的发生，会使物资供应的实际情况与计划不符。因此，在供应计划的执行过程中，控制人员必须经常定期检查，认真收集反映物资供应的实际状况的数据资料，并将其与计划进行比较，一旦发现实际与计划不符，要及时分析产生的原因，并提出相应的调整措施。

2.物资供应计划的检查与调整

（1）物资供应计划的检查

物资供应计划的检查通常有定期检查（一般在计划期中、期末）和临时检查。通过收集实际数据，在统计分析和比较基础上提出物资供应报告，从中发现问题。控制人员在检查过程中的一个重要工作是获得真实的供应报告。检查物资供应执行情况的重要作用有：

①发现实际供应偏离计划的情况，以利于进行有效的调整和控制。

②发现计划脱离实际的情况，根据修订计划的有关部分，使之切合实际情况。

③反馈计划执行的结果，作为下期决策和调整供应计划的依据。

由于物资供应计划在执行过程中发生变化的可能性始终存在且难以预估，因此，必须加强计划执行过程中的跟踪检查，以保证物资可靠、经济、及时地供应到现场。一般情况下，对重要的设备要经常定期地进行检查，如亲临设备生产厂，亲自了解生产加工情况，检查核对工作负荷、已供应的原材料，已完成的供货单、加工图样、制作过程以及实际供货状况。

（2）物资供应计划的调整

在物资供应计划的执行过程中，当发现物资供应过程的某一环节出现拖延现象时，应进行调整，其调整方法与进度计划的调整类似，一般有如下几种处理措施：

①若这种拖延不致影响施工进度计划的执行，则可采取加快供货过程的有关环节，以减少此拖延对供应过程本身的影响；或这种拖延对供应过程本身产生的影响不大，则可直接将实际数据代入，并对供应计划做相应的调整，不必采取加快措施。

②若这种拖延将影响施工进度计划的执行，则首先分析这种拖延是否允许（拖延是否允许的判别，通常根据受到影响的施工活动是否处在关键线路上，或是否影响到分包合同的执行）。若允许，则可采用上面第一种情况的调整方式；若不允许，则必须采取加快供应速度，尽可能避免此拖延对进度计划的执行产生的影响，如果采取加快供应速度措施后，仍不能避免对施工进度的影响，则可考虑同时加快其他工作施工进度的措施，并尽可能将此拖延对整个施工进度的影响降低到最低限度。

第六章　项目质量管理

第一节　项目质量管理的概念

一、质量的基本概念

（一）质量的基本概念

质量的内容十分丰富，随着社会经济和科学技术的发展，也在不断充实、完善和深化，同样，人们对质量概念的认识也经历了一个不断发展和深化的历史过程。

广义上，一般认为质量是反映客体能够满足主体明确或隐含需要的能力的特征总和。这里的"客体"可以是产品或服务，也可以是活动或过程，或者是组织、体系、人，以及以上各项的任何组合。"明确需要"是指在标准、规范、图纸、技术要求或其他文件中已经做出规定的需要；"隐含需要"是指那些被人们公认的、不言而喻的、不必明确的需要。在项目范围内，质量管理的重要方面是通过项目管理把隐含需要转变成明确需要。"特征"是指客体特有的性质，它反映客体满足主体需要的能力。对硬件和流程性材料类的产品，特征可以归结为性能、可信性、安全性、经济性和适应性等方面。

狭义上，质量通常仅指产品或服务质量。产品或服务质量是一项综合性指标。影响质量的因素是错综复杂的，包括社会政治、经济、风俗等外部因素，也包括人、机器、原材料、方法和环节等内部因素。所以，质量的最大特点就是面向顾客提供其所需要的，使顾客满意的产品。

质量不同于等级，等级是"对功能用途相同但质量要求不同的实体所做的类和排序"。低质量是须解决的问题，低等级则不是。衡量质量的标准是来自对客户需求的满足，它和等级没有直接的关系。

（二）质量功能特征的分类

如上所述，狭义的质量表现为产品或服务的质量功能特征，这是产品或服务能够满足人们明确或隐含需要能量和特征的总和。其中，有形产品的质量功能特性多数是显性的，无形的服务或劳务质量功能特性多数是隐性的，因为服务或劳务多具有无形性和不可存储等特性。

同时，所有质量功能特性均可分为内在的质量特性、外在的质量特性、经济的质量特性、商业的质量特性和环保的质量特性等多种特性。这些不同质量功能特性的具体内涵如下：

1. 内在的质量特性

主要是指产品或服务的性能、特性、强度、精度等方面的质量特性。这些质量特性主要是指在产品或服务的持续使用中体现出来的特性。

2. 外在的质量特性

主要是指产品或服务的外形、包装、装潢、色泽、味道等方面的特性，这些质量特性都是产品或服务外在表现方面的属性和特性。

3. 经济的质量特性

主要是指产品或服务的寿命、成本、价格、运营维护费用等方面的特性，这些特性是与产品或服务的购买和使用成本直接有关的特性。

4. 商业的质量特性

主要是指产品或服务的保质期、保修期、售后服务水平等方面的特性。这些特性是与产品或服务提供企业承诺的各种商业责任有关的特性。

5. 环保的质量特性

主要是指产品或服务对于环境保护的贡献或对环境造成的污染等方面的特征，这些特征是与产品或服务对环境的影响有关的特性。

二、项目质量和项目质量管理

（一）项目质量的基本概念

由于项目具有一次性、复杂性、动态性和实效性等特点，因此，项目质量也具有自身的特殊性。项目质量是指项目在满足国家有关法律、法规、技术标准的前提下，项目可交付成果（产品或服务）、体系或过程固有的特性能够满足业主需求的能力。

由于在大多数情况下项目工作程序复杂，对质量管理的组织与实施工作的要求非常高，必须综合协调各项管理活动。这些活动包括质量计划、质量控制、质量保证和质量改进等内容。质量管理是项目管理的重要组成部分之一，高质量的项目质量管理不仅仅能够提高项目交付物的使用功能，也可以提高市场竞争力，增加项目的总收益等。项目的质量管理还关系到人员的生命安全和项目的社会效益，因此对整个项目获得预期的成果意义重大。

一般情况下，项目的质量主要受以下几方面因素的影响：

1. 资源的因素

主要包括人员、材料和设备。人员是指直接参与项目的各类人员，其综合素质、理论水平、技术能力的高低，以及责任感、工作积极性都会对项目的质量产生影响。材料通常包括原材料、成品、半成品、构配件等，是项目施工的物质基础，材料的质量将直接影响项目的质量，项目管理者应该加强对材料质量的控制。设备是项目实施的重要工具，如果项目使用的设备比较陈旧、生产能力低或者不能保证其最佳工况，也会对项目的质量和进度产生一定的影响。

2. 方法的因素

方法包括了项目实施过程中所采用的各类设计方案、技术方案、工艺流程方案、组织措施、检测手段、施工组织设计等，这些都可能直接影响项目目标的实现，包括质量目标。项目管理者应结合项目实际情况，对项目方法进行全面分析和考虑，确保方法的可行性、先进性和经济性，从而促进项目质量的提高。

3. 环境的因素

包括技术环境、管理环境、实施环境等，上述环境的变化会对项目质量产生影响。项目管理者在进行质量管理时，应根据项目特点和具体条件，对影响质量的环节因素加以分析和考虑。

（二）项目质量管理的基本概念

项目质量管理是为了保障项目产出物或服务能够满足项目业主、用户及项目其他相关利益者的需要，所开展的对于项目产出物或服务质量和项目工作质量的全面管理工作。项目质量管理的概念与一般质量管理的概念有许多不同之处，这些不同之处是由上述给出的相关项目特性决定的。

项目质量管理的基本内容一般包括：项目质量方针的确定、项目质量目标和质量责任的制定、项目质量体系的建设以及实现项目质量目标所开展的项目质量计划、项目质量保障和项目质量控制等一系列工作。

项目的质量管理过程应有其独特的基本理念，以下几方面的理念至关重要：

1. 使项目业主或用户满意是根本目的

全面理解项目业主或用户的需求，努力并设法满足或超过顾客的期望是项目质量管理的根本目的。任何项目的质量管理都要以满足项目业主或用户的需要（明确说明的需求是在项目说明书中规定的，隐含未说明的需求与项目业主／用户做深入的沟通才能了解到）作为最根本的目标，因为项目管理的目标就是提供能够满足项目业主／用户需要的项目产出物。

2. 先有项目工作质量，后有项目产出物的质量

项目产出物的质量是由项目实施和管理工作的质量形成的，而不是通过单纯的质量检验得到的。项目质量检验的目的是找出项目产出物的质量问题，并不能提高项目产出物的质量结果。提高项目工作质量从而避免项目产出物出现质量问题是项目质量管理的核心所在，因为只有好的项目工作质量才会有好的项目产出物的质量。

3. 项目质量管理应是全团队成员的责任

项目质量管理的责任是项目全团队成员的，项目质量管理的成功既需要由项目的全团队成员积极参与和共同努力，也需要项目各个相关利益主体共同配合。因此，项目全团队成员都需要明确、理解和积极承担自己的质量管理责任，项目质量管理成功的关键是项目全团队成员的积极参与，对项目产出物质量与项目工作质量都能承担自己的责任和管理职责。

4. 项目质量管理的关键在于监控和改进

在项目质量管理的过程中也需要使用戴明博士的 PDCA 循环，这是一种不断监控和持续改进质量的方法。但由于项目的一次性和独特性等特性，这种方法的使用具有一定的局限性，如 PDCA 循环更多的是面向项目工作核检清单而不是产品检验清单，因为项目质量管理工作更多是面向活动质量的，而不是面向产品质量的。

5. 项目质量等级与项目质量好坏

在项目质量理念中还须廓清项目质量等级和好坏的概念。项目质量等级是"品"的概念，而项目质量好坏是"质"的概念（故质量又被称为品质）。"品"是在一定经济前提下的项目质量指标总和（如一等品、二等品），"质"是在既定项目质量等级下通过努力所达到的质量好坏水平。因此，项目质量管理应该涉及"品"和"质"两方面的管理。

6. 项目质量决策与项目质量实现

在项目质量管理的诸多概念中，必须严格区分项目质量决策和项目质量实现。这两方面的工作同属于项目质量管理的范畴，但不同之处在于：项目质量决策是在项目决策和定义阶段做出的，有关项目质量目标和具体指标的规定，以及在项目实施中做出的项目质量变更决策；而项目质量实现则是在项目实施阶段所开展的，为实现项目质量目标与指标的各方面工作。

三、全面质量管理

（一）全面质量管理的基本概念

全面质量管理的英文简称为 TQM（Total Quality Management），最早提出全面质量管理的是被称为"全面质量控制之父"的美国质量大师阿曼德·费根堡姆，他给全面质量管理所下的定义是："为了能够在经济的水平上，并考虑到充分满足顾客要求的条件下进行市场研究、设计、制造和售后服务，把企业内各部门的研制质量、维持质量和提高质量的活动构成为一体的一种有效体系。""质量并非意味着最佳，而是客户使用和售价的最佳"也是其著名的观点。

全面质量管理的基本原理与其他概念的基本差别在于，它所强调的目的是取得真正的经济效益，管理必须始于识别顾客的质量要求，终于顾客对他手中的产品感到满意。全面质量管理就是为了实现这一目标而指导人、机器、信息的协调活动。

（二）全面质量管理的特点

根据 I.O 8402 标准对全面质量管理下的定义和世界著名质量管理专家对全面质量管理含义的阐述，以及我国企业推行全面质量管理的实践经验，归纳起来，全面质量管理最主要的特点有：

I. 客户满意是第一原则

"用户至上"是十分重要的指导思想。"用户至上"就是树立以用户为中心，使产品质量和服务质量全面地满足用户需求。产品质量的好坏最终以用户的满意程度为标准。为了使这一指导思想有效地贯彻落实，满足用户需求，对产品性能进行定量描述的质量功能配置（QFD）方法在工业发达国家得到广泛应用，并获得巨大的经济效益和社会效益。QFD 体现了开发产品应以市场为导向，以顾客的需求为唯一依据的指导思想，把产品的性能（功能）放在产品开发的中心地位，对产品性能进行定量描述，实现对功能的量化评价。

2. 事前主动进行质量管理

这是全面质量管理区别于质量管理初级阶段的特点之一。进入 20 世纪 90 年代以后，新的生产模式，包括适时生产（J IT）、精良生产（Lean Product ion）、敏捷制造（Agile Manufacturing）等对事先控制提出了更高的要求：在产品的生产阶段，除了统计过程控制（SPC）外，新的基于计算机的预报、诊断技术及控制技术受到越来越广泛的重视，使生产过程的预防性质量管理更为有效，预防性质量管理在设计阶段更为重要。在产品设计阶段采用故障模式的影响分析和失效树分析等方法找出产品的薄弱环节加以改进，消除隐患，已成为全面质量管理的重要内容。

3. 利用现代化的信息技术和手段加强质量管理

信息技术、计算机集成制造的发展为企业实施全面质量管理提供了有力的支持。便利的、及时的、正确的质量信息是企业制定质量政策以及确定质量目标和措施的依据，质量信息的及时处理和传递也是生产过程质量控制的必要条件。AQ 系统及集成质量系统在计算机网络及数据库系统的支持下不仅可以及时地获得正确的质量信息，有效地实现对全过程的管理，而且使企业的全体人员得以用先进的、高效率的方式参与全面质量管理。

4. 强调全员参与和人的因素

全面质量管理阶段格外强调调动人的积极因素的重要性。实现全面质量管理必须调动人的积极因素，加强质量意识，发挥人的主观能动性。采用质量管理小组方式将职工组织在一起，激发职工的主动精神和协作精神，最大限度地发挥每个雇员的聪明才智。企业注重发展雇主和雇员之间牢固的信任关系，公司利益与个人利益息息相关，每一个雇员都为提高产品质量，满足用户需求献计、献策。

第二节　项目质量计划

一、项目质量计划概述

（一）项目质量计划的定义

项目质量计划是指为确定项目应该达到和如何达到项目质量标准而做的项目质量的计划与安排。它是项目规划期间的若干辅助过程之一，因此，应当定期与其他项目规划过程结合进行。例如，为了满足已确定的质量标准要求而对项目产品所作变更可能要求调整成本或进度，或者所希望的产品质量可能要求对某项已确认的问题做详细的风险分析。

现代质量管理的一项基本准则是：质量是规划、设计出来的，而不是检查出来的。这个观点说明了质量计划的重要性。

编制项目质量规划的主要流程一般是：首先，确定项目的范围、中间产品和最终产品；其次，明确关于中间产品和最终产品的有关规定、标准，确定可能影响产品质量的技术要点；最后，选择并确定能够确保高效满足相关规定、标准的过程及方法。

（二）项目质量计划的内容

项目质量计划的主要内容包括：

I. 质量策略

质量策略也叫质量政策，是指项目高级管理层规定的有关项目质量管理的大政方针，是一个组织对待项目质量管理的指导思想，也是项目质量计划编制应遵循的原则和依据。

2. 范围描述

范围描述是对项目目标和主要项目成果的说明，这是质量计划的关键依据。

3. 产品或服务说明

产品或服务说明是对范围描述的细化，通常说明技术要点的细节及其他可能影响质量计划的因素。

4. 规则和标准

规则和标准是项目组织针对可能影响项目的因素而制定的行为规范和衡量准则。

5. 其他

在其他项目管理领域可能出现的质量问题，也可以作为质量计划的一部分加以考虑。例如，在采购计划时对供应商提出的各种质量要求。

（三）项目质量计划的依据

I. 事业环境因素

与应用领域具体相关的政府部门、规章、规则、标准和指导原则，可能会对项目造成影响。

2. 组织过程资产

与应用领域具体相关的组织质量方针、程序和指导原则，历史数据和经验教训可能会对项目造成影响。质量方针指"由最高层管理部门正式阐明的、组织关于质量的总的努力方向"。实施组织的质量方针往往被原封不动地采纳并使用于项目之中。但是，如果实施组织没有正式的质量方针，或者项目涉及多个实施组织（例如合资项目），则项目管理就需要为项目制定一项质量方针。不管质量方针来源如何，项目管理均应负责保证项目的所有干系人全部知晓此项方针（例如通过适当的信息分发手段）。

3. 项目范围说明书

范围说明书是质量计划的一项关键投入，因为它记载了项目的主要可交付成果，以及用于确定项目干系人的主要要求（来源于项目干系人的需求、希望和期望）的项目目标、限值和验收标准。

限值是指用作参数指标的占用、时间或资源限值。可作为项目范围说明书的组成部分列入其中，如果超过这些限值，则需要项目管理团队采取措施。

验收标准包括在接受项目可交付成果之前必须满足的性能要求和基本条件。验收标准的界定可大大降低或增加项目质量成本。如果可交付成果满足所有验收标准，则意味着客户需求得以满足。正式验收旨在确认验收标准已经得以满足。产品描述的内容已体现在范围说明书之中，其中往往包括可能影响质量计划的技术问题，以及其他问题的细节。

二、项目质量计划的方法

（一）成本效益分析

所谓成本效益分析法，一般是指从成本与效益的关系来研究利益最大化目标的方法、途径。一般来说，成本与效益是正相关的关系，成本越大，效益就越大；反之，投入的成本越小，效益就越小。在经济运行中，任何组织和个人都希望以尽可能小的成本获得尽可能大的效益，这就是利益最大化目标。

质量计划或规划过程必须考虑成本与效益间的取舍权衡。符合质量所带来的主要效益是减少返工，减少返工则提高了劳动生产率，成本降低。但是，为达到某种质量要求又需要付出成本。

根据帕累托分析法，如果为 20% 的非主流的质量完善而付出 80% 的成本代价，则是得不偿失的举动。因此，在制订质量计划的时候必须考虑质量效益与所付成本的平衡。

（二）基准比较法

基准对照也称为质量标杆法，是指利用其他项目质量管理结果或计划，作为新项目的质量比照目标，通过对照比较制订出新项目质量计划的方法或提供一套度量绩效的标准。作为被比较的其他项目，其所选用的范围较广：既可以是同一项目工作组所做的项目，也可以是不同项目工作组所做的项目；既可以是同一应用领域范围内，也可以是不同领域范围内；更可以是国际上成功的项目质量管理标杆。

（三）系统流程图

系统流程图，又称处理流程图，是由一组箭线联系若干相互作用因素的关系图，其充分描述了项目系统中各个阶段是如何相互关联的，它能帮助项目工作组计划人员预测到项目格在何处可能发生某种质量问题，以便及时采取措施进行有效的处理。

（四）因果图

项目开发过程中所发生的质量问题往往是由多种因素造成的。而对于发生问题的"结果"，常用某个特性或指标来表示。为描述分析特性与各个因素之间的关系而采用的树状图被称为因果图，它是日本质量管理学者石川馨在 1943 年提出的，所以又称为石川图。因果图把影响产品质量的诸因素之间的因果关系清楚地表示出来，使人们一目了然，便于采取措施解决问题。因此，因果图被广泛地应用于各行各业中。

在项目质量管理过程中，常用因果图来说明项目开发过程中各种产生质量问题的直接或间接原因，与其所产生的潜在因素和影响之间的关系。

（五）实验设计法

实验设计法是一种质量管理的分析方法，它有助于鉴定哪些相关质量变量能对整个项目的成果产生最大的影响。这种分析方法最初被用于项目产品分析方面。

实验既是检验新项目各阶段工作质量的主要手段，同时，实验本身的质量也会影响到被检验工作质量的效果。因此，一方面，在项目质量管理过程中要积极采用实验法；另一方面，要求项目工作组成员加强学习，特别是那些项目质量检验人员更要提升他们综合方面的素质，尽可能提高实验设计法的准确率。

三、项目质量计划成果

（一）质量目标

项目质量目标需要在相关层次上进行分解。当然，仅仅规定项目的目标是不够的，质量目标还应该包括过程的目标。质量目标应以可以测量的方式给出，如故障率、可靠性指标等。

（二）项目质量管理计划

项目质量管理计划是项目质量管理工作的核心性和指导性文件，是质量规划工作的重要结果，是项目质量管理体系的重要载体。质量管理计划应说明项目组织具体执行质量方针的过程，包括实施质量管理的组织结构的确定、责任、程序、工作过程以及具体执行项目管理所需的资源的确定。

（三）项目质量控制标准

项目质量控制标准是指根据项目质量管理计划所制定的具体项目质量控制的标准，有两层含义：第一层是活动的控制参数，第二层是标准化的控制过程。项目质量控制标准与项目质量目标是不同的，主要表现在：项目质量目标给出的是项目质量的最终要求，而项目质量控制标准是根据这些最终要求所制定的控制依据和参数。

（四）质量核对表

质量核对表作为一种结构化的工具，其用途是检查和核对某些必须采取的步骤是否已经付诸实施，具体内容因行业而异。通过编制各种质量核对表，确保整个项目生命周期的质量。

（五）过程改进计划

过程改进计划是项目管理计划的从属内容。过程改进应该详细说明过程分析的具体步骤，以便通过过程分析确定非增值活动。通过过程改进消除这些非增值活动，可以为顾客创造更多的增值。

第三节　项目质量保障

一、项目质量保障概述

由于项目的复杂程度越来越高，项目业主常常发现，仅仅通过项目完工后的项目检验程序，无法有效地了解项目管理的所有必要信息。因此，项目业主常常在向承建单位委托项目任务时，对项目需要达到的目标，其中包括各种质量目标，提出规定与要求，同时要求承建商能够证明其工作质量和交付的产品符合业主的要求。这样，项目业主提出的项目质量保障要求和承建单位对上述要求的回应性工作的总和便构成项目质量保障。

因此，项目质量保障就是通过采取一系列的措施和手段，使项目业主及其他利益相关方相信项目的质量能够满足其要求，使项目的管理者相信每个项目活动的质量能够达到质量计划标准。

项目质量保障是项目质量管理的一个重要组成部分，实现项目质量保障的主要途径包括：

（一）制订严密的项目质量计划，提高顾客信任度

有关项目质量计划的内容，在前面已经进行了交代，此处不再赘述。从根本上，制订质量计划的重要目的是要落实项目质量责任。项目管理者应将每一个项目活动、每一道工序的质量责任都分解给具体项目参加人员，并将质量责任纳入业绩考核之中，促使他们在进行每一个工作活动时，都能按照项目的质量计划和质量标准来完成，从而保证项目质量达到标准和要求。

（二）质量检验

在项目的实施过程中，项目管理者不仅要进行必要的质量控制，而且要对工作的过程进行必要的记录。再通过不同的阶段，有承建单位、管理与审计单位和项目业主的检验，客观地描述出整个项目的工作质量和产品质量，建立起项目业主的信任。

归结起来，质量保证要求项目管理者不仅要尽可能地做好项目过程中的各项工作，保证工作的质量，同时要将自己的工作过程、工作安排和工作结果如实地反映给项目业主。在向项目业主反映项目信息时，不仅要反映工作的成功之处，同时要反映出现的变更情况，对于可能引发问题的现象也要如实反映，以帮助业主对将来可能面临的问题提前做好准备。

在进行项目保证的过程中，积极发挥中介的力量非常重要。无论是项目的管理，还是项目的审计单位，均是代表项目业主利益、监督项目实施质量的重要力量。项目管理者不应该被动地接受上述单位的检查，而是应将外部的压力转变为提高项目质量的动力，并与之积极配合。

二、项目质量保障方法

从某种意义上讲，项目质量保障工作属于事前的项目质量控制，所以多数使用预防性和事前改进性的方法和技术，其主要方法和技术有如下几个方面：

（一）质量计划的工具与技术

按照古人的说法，"凡事预则立、不预则废"。项目质量管理也是一样需要事先安排，因为项目质量保障工作主要是一种运用事前控制的思想开展的项目质量管理工作，所以在这一工作中，最主要工具和方法之一是项目质量计划管理的方法。在一个项目的质量管理中人们只有预先认识到项目质量管理方面的问题，并制订出相应的应对措施和计划安排，才能避免出现项目质量问题，从而规避因项目质量问题给业主或实施组织带来的不必要损失。

（二）质量审计的工具与技术

项目质量审计方法是项目质量保障的一种结构化方法，这一方法的目的是找出可改进项目产出物和工作质量的问题和机会，从而开展项目质量改善与提高工作效率。项目质量审计可以定期或不定期地随机抽查，可以由项目组织内部人员或由第三方质量监理组织以及专业机构核查，然后人们可以依据这种审计结果去开展项目质量的持续改进和提高了工作质量。这种方法主要用于项目产出的质量审计、对于项目工作质量的审计、对于项目质量管理的审计、对于项目质量管理方法的审计等各个方面。

（三）质量保障的工具与技术

指针对项目、项目阶段和项目活动所构成的项目全过程，按照持续改进计划中列明的计划步骤和方法，从组织、管理、技术等多个角度开展项目计划质量保障的方法和技术，以最终实现项目产出质量的保障。其中，项目工作过程分析包括对项目工作所遇到的问题、约束条件和其中包含的无价值活动等进行分析和检查，然后消减项目中各种不必要的活动过程，改进项目工作方法中存在的问题，最终实现项目工作管理。这种分析的主要内容包括项目工作质量问题根源分析和项目工作质量改进方案分析。

（四）项目产出物质量改进与提高的方法

这是用以改进和提高项目产出物质量，从而为项目相关利益主体带来更多利益的方法，包括项目产出物质量改进方案和行动两个方面。项目产出物质量改进的方案多是由项目全团队成员提出项目产出物质量改进建议，然后落实这些建议去保障和提高项目产出物质量的方法，这种方法的步骤包括目前存在的项目产出物质量问题及发生问题的原因分析，如果是实施的问题，则需要改进实施，例如，加强培训、提高人员质量意识、引起上级管理层重视等；如果是过程本身的问题，则进入过程改进的环节当中。

虽然过程优化的理念比单纯遵循过程更容易被人们所接受，但事物本身的发展必须遵循由低到高的基本过程。过程改进是在过程制度完备的基础上实施的。对于一个还没有建立过程机制的组织，直接强调过程优化和改进往往会导致过程混乱。

除了上述方法之外，在项目质量计划、项目质量计划实施和项目质量管理中，经常使用的各种统计分析工具和技术方法，也是人们进行项目质量保障工作可以采用的方法。例如，项目质量标杆方法也是进行项目质量保障工作可采用的方法之一。

三、项目质量保障结果

项目质量保障工作最终得到的主要结果，就是实际项目质量获得了提高和改善，这涉及项目工作质量提高带来的项目工作效率和效果的提高，以及项目产出物质量的提高所带来的项目相关利益主体整体利益的扩大和各种项目变更与项目集成管理的全面改善等结果。但由于项目质量保障工作的主要性质是事前预防，所以项目质量保障的工作结果较难度量。一般主要包括如下几个方面：

（一）项目变更全面优化

在项目实施过程中，项目相关利益主体会提出种种项目变更的请求，这也是项目质量保障工作的内容之一。因此，项目质量保障工作有利于对项目变更的请求及其变更方案进行全面优化，从而使项目质量得到全面提高。

（二）项目质量持续改进

在项目实施过程中，往往会发现项目实施过程和实施方法中存在诸多问题或不足，人们可以采取各种改进方法，以使项目质量得到相应提高。其结果在带来项目质量提高的同时，也会带来项目整体利益和各相关主体利益的不断扩大。

（三）获取反馈信息

在项目质量保障工作中，往往会发现原有项目质量标准、项目相关信息、项目集成计划、项目各个专项计划、项目实施方案等方面存在的问题和不足，进而可根据这些信息对项目文件和资料进行更新，为项目未来要开展的相关工作提供相应保障与参考。

第四节　项目质量控制

一、项目质量控制概述

（一）项目质量控制的相关概念

项目质量控制是指对项目实施过程出现的各类质量问题及时发现、解决和改进的工作，它是质量管理的一部分，是致力于满足质量要求的一系列相关活动。

在实施质量控制的过程中，项目团队尤其应注意如下相关概念：

1. 预防与检查

预防是保证过程不出现错误；检查是保证错误不落到客户手中。

2. 属性抽样和变量抽样

属性抽样是检查结果合不合格；变量抽样是衡量合格的程度。

3. 特殊原因和随机原因

特殊原因是异常事件；随机原因是正常过程的差异。

4. 允差和控制范围

允差是可以接受的范围内偏差；控制范围是过程与结果均处于控制之中。

（二）项目控制的主体

l. 项目组织

项目组织包括项目经理和项目团队成员，他们是内部专业力量，对质量控制起主导作用。

2. 外部专业力量

外部专业人员是指来自项目外的专业技术人员，如监理人士、咨询专家等，其中监理工程师（咨询工程师）是在大型项目实施过程中，项目发起人为监控项目质量而选择符合项目质量管理要求的专业监督管理人员。

（三）项目控制的类型

1. 事前质量控制

指在项目开发实施前，对可能影响项目质量的因素和环境进行预先控制，防患于未然。其主要工作内容一般包括：对实施方案的可行性进行审查，纠正方案中的潜在错误，避免在项目实施中出现质量问题；对设备工具等的质量进行预先查验，以保证项目实施的顺利进行；对项目所用材料进行严格控制，避免因材料本身的质量问题影响项目交付质量等。

2. 事中质量控制

指在项目实施过程中进行的质量控制，强调在实施过程中解决问题。其主要工作内容一般包括：建立质量管理点，及时检查和审核交付物的质量；统计分析资料和质量控制图表；严格交接检查；及时观测项目实施中存在的问题，并予以纠正等。

3. 事后质量控制

指在完成项目的过程中、形成产品后进行的质量控制，其主要工作内容一般包括：按规定的质量评定标准和办法，对完成的中间产品及交付物进行检查验收；通过测试、测量、调试等手段评测交付物的质量等。

二、项目质量控制方法

项目质量控制的方法与日常运营质量控制的方法有相同之处，也有诸多不同之处，所以，某些日常运营的质量控制方法也可用于项目质量控制。当然，二者的控制对象和控制内容有所不同，所以控制方法就会有所不同。项目质量控制的方法主要有如下几种：

（一）控制图

控制图就是对过程质量加以测定、记录从而进行控制管理的一种用科学方法设计的图，又可称为管理图。它是画有控制界限的一种图表，用来分析质量波动究竟是何种原因引起的，从而判断所开发项目的质量是否处于控制状态。也就是利用控制图对活动(工序)进行质量控制的方法。适用于长度、重量、时间、强度、不合格品数、事故件数及缺陷数等的分析和控制。

在质量诊断方面，可以用来度量过程的稳定性，即过程是否处于统计控制状态；在质量控制方面，可以用来确定什么时候需要对过程加以调整，而什么时候则须使过程保持相应的稳定状态；在质量改进方面，可以用来确认某过程是否得到了改进。

在项目开发过程中定期抽样检查，将测得的数据用点线描述在图上，若点全部落在控制界限内，并且点的排列没有什么异常状况，表明项目开发一切正常。如果点越出控制界限或者点的排列有缺陷，表明在项目开发过程中存在异常因素，必须查明原因，采取措施，使其恢复正常。

（二）排列图

现场质量管理往往有各种各样的问题，我们应从何处下手？如何抓住关键因素呢？一般来说，大多数事物都遵循"少数关键、多数次要"的规律。这一规律首先是由意大利经济学家维尔弗雷多·帕累托（Vilfredo Pareto）提出的，并设计出一种能反映出这种规律的图，称为帕累托图，又很贴切地译为排列图。此排列图就是针对各种问题按其原因或其状况分类，把数据从大到小排列而做出的累计柱状图。

（三）趋势分析与预测

趋势分析与预测是统计学中常用的一种方法，它是根据过去的成果，用数学技术去预测未来的结果。事物的发展变化同时受到多种因素的影响，决定性的长期因素会使事物发展呈现出一定的趋势和规律性。长期因素是时间数列的主要构成要素，它指出事物发展的一种趋势和状态。通过对时间数列长期趋势的分析，可以掌握某种规律性，并对其未来发展的趋势做出判断和预测。例如：在项目开发过程中，已经检查出一些质量错误和缺点，根据长期因素是时间数列的主要构成要素的思路，可分析和预测出还剩多少质量问题没有被发现。

（四）抽样调查

抽样调查是应用统计学的一个重要分支，在社会经济领域中有着极其广泛的应用。它是按照随机原则从调查对象（即总体）中抽取部分单位进行调查，用调查所得的指标数值对调查对象相应的指标数值做出可靠的估计和判断的一种统计调查方法。

常用的抽样调查的组织方式有：简单随机抽样（又称纯随机抽样）、类型抽样（又称分层抽样）、等距抽样（又称机械抽样）、整群抽样、多阶段抽样等。

三、项目质量控制结果

项目质量控制的结果是项目产出物和工作质量全面获得控制与项目产出物和工作质量所获得的实际结果，这种结果的主要内容包括如下几个方面：

（一）项目产品质量控制的结果

这是在项目质量控制活动结束后生成的、对项目产出物质量控制的满意度度量，这一度量结果最终表现为对项目质量的接受与否。

1. 项目产出物质量结果的认可

对项目产出物质量的接受有两层含义：其一是指项目产出物的质量控制人员根据项目产出物质量标准对已完成项目产出物的结果所做出的接受和认可；其二是指项目业主／用户或其代理人根据项目产出物质量标准对已完成项目产出物质量结果的接受和认可。如果没有后者人们就应对项目的缺陷进行修复，以达到项目产出物质量要求。

2. 项目产出物质量修复结果的认可

项目产出物质量控制工作另一种可能的结果是在项目产出物存在质量问题后，人们对项目产出物质量开展必要的修复工作，最终对项目产出物质量开展必要的修复工作的结果予以认可。如前所述，当人们不能接受项目产出物质量的实际结果时就需要进行项目产出物质量的修复，如果这种项目产出物质量修复工作的结果能被接受，这就是最终的项目产出物质量结果了。

3. 调整或降低项目产出物质量要求

在项目质量控制过程中，如果实际的项目产出物质量和项目产出物质量要求之间存在差距时，并且人们无法采取任何修复措施达到项目产出物质量的要求时，人们就只能去调整和降低对于项目产出物的质量要求。在这种情况下，经过调整或降低后的项目产出物质量要求和实际的项目产出质量结果是项目质量控制的最终结果。

4. 最终认可的项目产出物质量成果

项目质量控制的根本目的在于交付人们满意或可接受的项目产出物质量结果，因此，项目质量控制的最直接结果就是获得一个在质量方面被各相关利益主体认可的项目交付物。另外，各种更新后的项目计划文件也属于这一范畴，这包括更新后的项目集成计划和项目专项计划以及项目质量管理计划及其变更结果。

（二）项目工作质量的结果

项目工作质量控制形成的各种结果主要是项目控制方面的文件。项目工作质量控制方面的主要结果包括如下两方面：

1. 核验结束清单

这是项目工作质量控制工作的一种结果，当人们使用项目工作质量核验清单开展项目工作质量控制时，所有已经完成核验的项目工作质量清单记录了项目工作质量控制的过程和结果，这可以用来对下一步项目产出物或工作质量控制所做的调整和改进提供依据和信息。

2. 项目质量管理经验教训文件

项目工作质量控制过程中还会产生一些有关经验和教训的相关文件，在项目工作质量控制工作结束后人们需要及时将它们整理并形成项目工作质量控制的结果文件，用以指导以后开展的类似的项目工作质量控制工作。这也是项目工作质量控制结果中一项十分重要的内容。

第七章　工程项目合同管理

第一节　工程合同管理概述

一、工程建设合同管理的目的

（一）发展和完善社会主义建筑业市场经济

建筑业已经成为我国国民经济的支柱产业之一，因此要不断培育和发展建筑市场，而建立社会主义市场经济就要建立完善的社会主义法治经济。这就要求在工程建设领域加强建筑市场法治建设，健全建筑市场法规体系，以保证建筑市场的繁荣和建筑业的发达。要达到此目的，必须加强对工程建设合同的法律调整和管理，贯彻落实建设工程施工合同管理法律法规和"工程建设施工合同示范文本"制度，以保证工程建设合同订立的全面性、准确性和完整性，依法严格地履行合同，并强化承发包双方及有关第三方的合同意识，认真做好工程建设合同管理工作。

（二）建立现代建筑企业制度

建立现代企业制度的根本特征是使企业真正成为社会主义市场经济的微观基础和利益主体，要求企业必须遵循"自主经营、自负盈亏、自我发展、自我约束"的原则经营和发展。这样，促使企业必须认真地、更多地考虑市场的供需变化，调整工程承包经营方式，通过工程招投标、签订工程建设合同来实现与其他企业在工程建设活动中的协作与竞争。工程建设合同，是建筑企业进行工程承包的主要法律形式，是进行工程施工的法律依据，是建筑企业走上市场的桥梁和纽带。订立和履行工程建设合同直接关系到建筑企业的根本利益和信誉。因此，加强工程合同管理，已经成为推行现代建筑企业制度的重要内容。

（三）规范建筑市场主体、市场价格和市场交易

建立完善的建筑市场体系是一项经济法治工程。它要求对建筑市场主体、市场价格和市场交易等方面加以法律调整。

建筑市场主体进入建筑市场进行市场交易，其目的是为了开展和实现工程项目的承包

活动。但是由于工程一般投资大、周期长，一旦出现工程问题，所造成损失是相当大的。因此，有关主体必须具备和符合法定主体资格，才具有订立工程建设合同的权利能力和行为能力。

建筑产品是市场经济中的一种特殊产品，其价格也具有一定的特殊性。在我国，正在逐步建立"政府宏观指导，企业自主报价，竞争形成价格，加强动态管理"的价格机制。因此，建筑市场主体必须依据有关规定运用合同形式，调整彼此之间的建筑产品合同价格管理之间的关系。

建筑市场交易是指建筑产品的交易是通过工程项目招标投标的市场竞争活动，最后采用订立工程合同的法定形式确定的。在此过程中，建筑市场主体依据有关招标投标的规定，不断完善，才能提高本企业的竞争能力。

（四）加强管理，提高工程建设合同的履约率

牢固树立合同法治观念，加强工程建设项目合同管理。严格按照法定程序签订工程建设项目合同，明确当事人各方的权利和义务，步步为营地履行合同文本中的各项条款，运用法律的武器来维护自己的正当权益，从而提高工程建设项目合同的履约率，保证工程建设项目的顺利施工。

二、工程建设合同管理的方法与手段

（一）完善工程建设合同管理法规

1. 健全工程建设合同管理法规

在培育和发展社会主义市场经济的过程中，要充分发挥和运用法律手段保护和促进建筑市场正常运行。在工程建设管理活动中，确保将工程建设项目可行性研究、工程项目报建、工程项目招标投标、工程项目承发包、工程项目的施工和竣工验收等活动纳入法治轨道，增强发包方和承包方的法治观念，保证工程建设项目的全部活动依据法律和合同办事。

《中华人民共和国建筑法》是建筑业的基本法。建立、健全我国工程建设法规体系，完善工程建设各项合同管理法规，是培育和发展我国建筑市场经济的客观要求。

2. 强化合同管理机关的执法权力

工程建设合同法律、法规是规范建筑市场主体的行为准则。由于我国社会主义市场经济尚处于初创阶段，特别是建筑市场，因为其领域宽、规模大、周期长、流动广、资源配置复杂等特点，依法治理的任务十分艰巨。在工程建设合同管理活动中，合同管理机关运用动态管理的科学手段，实行必要的"跟踪"管理，可以大大提高工程管理的水平。

市场监督管理机关和工程建设合同主管机关，应当依据《中华人民共和国经济合同法》《中华人民共和国反不正当竞争法》《建筑市场管理规定》《工程建设项目施工招标投标办法》等法律、法规，严格执法，整顿建筑市场秩序，严厉打击工程承发包活动中的违法犯罪活动。

当前，在建筑市场中，利用签订工程建设合同进行欺诈的违法活动时有发生，其主要表现形式：无合法承包资格的一方当事人与另一方当事人签订工程承发包合同，骗取预付款或材料款；虚构建筑工程项目预付款；本无履约能力，弄虚作假，蒙骗他人签订合同或者约定难以完成的条款，当对方违约后，向其追偿违约金等。对因上述违法行为引发的严重工程质量事故或造成其他严重经济损失，应该依法追究责任者的经济责任、行政责任，构成犯罪的依法追究其刑事责任。

3. 建立工程建设合同管理评估制度

合同管理制度是合同管理活动及其运行过程的行为规范，合同管理制度是否健全是合同管理的关键所在。因此，建立一套对工程建设合同管理制度有效的评估制度是十分必要的。工程建设合同管理评估制度的主要项目有：

（1）合法性

是指工程合同管理制度应符合国家有关法律、法规的规定。

（2）规范性

是指工程合同管理制度具有规范合同行为的作用，对合同管理行为进行评价、指导、预测，对合法行为进行保护奖励，对违法行为进行预防、警示或制裁等。

（3）实用性

是指工程合同管理制度应能适应工程合同管理的需求，便于操作和实施。

（4）系统性

是指各类工程合同的管理制度是一个有机结合体，互相制约、互相协调，在工程建设合同管理中，能够发挥整体效应的作用。

（5）科学性

是指工程合同管理制度能够正确反映合同管理的客观经济规律，能够保证人们利用客观规律进行有效的合同管理。

4. 推行合同管理目标制

合同管理目标制是各项合同管理活动应达到的预期结果和最终目的。工程建设合同管理的目的是项目法人通过自身在经济合同的订立和履行过程中所进行的计划、组织、指挥、监督和协调等工作，促使项目内部各部门、各环节互相衔接、密切配合，进而使人、财、物各要素得到合理组织和充分利用，保证项目经营管理活动的顺利进行，提高工程管理水平，增强市场竞争能力，从而达到高质量、高效益，满足社会需要，更好地为发展和繁荣建筑业市场经济的目的。

合同目标管理的过程是一个动态的过程，是指工程项目合同管理机构和管理人员为了实现预期的管理目标，运用管理职能和管理方法对工程合同的订立和履行行为实行管理活动的过程。这个过程包括合同订立前的管理、合同订立中的管理、合同履行中的管理和合同纠纷管理。

（二）加强工程建设合同管理的手段

1. 普及合同法治教育，培训合同管理人才

《合同法》是调整公民、法人及其他社会经济组织契约关系的基本法。"工程建设合同"是我国《经济合同法》中的重要调整对象，在相关的《合同法》中也有涉及工程建设活动的法律规定。作为建筑市场主体的法定代表人及各级管理人员都应该学习和熟悉必要的合同法律知识，以便合法地参与建筑市场经济活动。

2. 设立专门合同管理机构和配备合同管理人员

加强工程合同管理工作应当设立专门的合同管理机构。全国各地区根据本地区的具体情况和特点，经有关建设主管机关批准，设立地区性的工程建设合同管理机构，承担工程建设合同的登记、审查等管理工作。上述合同管理机构的职能具有服务和管理的双重属性，为工程建设合同主体订立、履行、协调合同有关事宜做相应的工作。

为了做好工程合同管理工作，维护建筑市场秩序，确保工程建设合同当事人的合法权益，建立切实可行的工程建设合同审计工作制度，强化工程建设合同的审计监督是十分必要的。

建筑企业和项目法人单位内部的合同管理工作是工程建设项目全面管理的重要组成部分，它是考核项目管理水平的重要指标之一。因此，设立工程建设项目的合同管理机构或者配备合同管理专职人员，建立合同台账、统计、检查和报告制度，发挥合同管理的纽带作用，从而使工程建设合同的订立、履行、变更和终止等活动的结果成为法人代表做出工程建设项目管理决策的科学依据。

3. 积极推行"经济合同示范文本"制度

推行"经济合同示范文本"制度是加强经济合同管理，提高经济合同履约率，维护建筑市场秩序的一项重要措施。为了进一步贯彻治理整顿建筑业和开拓建筑市场的方针，应完善工程建设合同制度，规范工程建设合同各方当事人的行为，维护正常的经济秩序。推行"经济合同示范文本"制度，一方面，有助于当事人了解、掌握有关法律、法规，使经济合同的签订符合规范，避免缺款少项和当事人意思表示不真实，防止出现无效经济合同；另一方面，便于合同管理机关加强监督检查，有利于仲裁机构和人民法院及时裁判纠

纷，保护当事人的合法权益，保障国家和社会公共利益。

4. 积极开展"重合同，守信用"的评比活动

建筑企业应该牢固地树立"重合同，守信用"的观念，在社会主义市场经济中，为了提高企业在市场中的竞争能力，建筑企业家应该认识到"企业的生命在于信誉，企业的信誉高于一切"的原则，企业的各级领导者应该经常教育全体成员认真贯彻岗位责任制，使每一名员工都关心工程项目的合同管理，认识到自己的每一项具体工作都是在履行合同中约定的义务，从而保证工程项目合同的全面履行。

5. 建立合同管理的微机信息系统

随着工程建设项目规模的扩大，合同涉及的内容和条款日益复杂，而且随着市场的不断发展和完善，企业对外的经济关系日益增多，维系这种关系的经济合同也日益增多。因此，原来的管理办法已无法适应项目的动态管理要求，借助于微机信息系统为合同管理人员提供支持，已经成为必然的趋势。建立以微机数据库为基础的合同管理信息系统，可以满足决策者在合同管理方面的信息需求，提高管理水平。

6. 引进和采用国际通用规范和先进经验

在现代工程的建设活动中，工程承发包活动的国际性是一个重要特征。这就要求我国的工程建设项目当事人熟悉国际工程市场的运行规范和操作惯例，并且学习工程建设项目合同管理的先进经验，这些对于完善我国工程建设项目的合同管理制度和适应国际工程建设市场开发的需要，都会产生十分重要的作用。

第二节　建设工程项目总承包合同管理

一、建设工程项目总承包合同的概念和当事人

（一）建设单位发包项目总承包应具备的条件

1. 必须是法人或依法成立的其他组织。
2. 要有项目审批机关批准的项目建议书和所需要的资金。
3. 若进行分阶段总承包招标，则应具有分阶段招标的条件。

（二）总承包单位应具备的条件

1. 必须是具有法人地位的经济实体。

2. 由各地区、各部门根据建设需要分别组建，并且向公司所在地的市场监督管理部门登记，依法取得企业法人营业执照。

3. 总承包公司接受工程项目的总承包任务以后，可以对勘察设计、工程施工和材料设备供应等进行招标，签订分包合同，并且在合同实施过程中，负责对各项分包任务进行综合协调管理和监督。

4. 总承包公司应该具有较高的组织管理水平、专业工程管理经验和工作效率。

二、建设工程项目总承包合同的主要条款

1. 词语含义及合同文件。应该对合同中常用的或容易引起歧义的词语进行解释，赋予它们明确的含义。对于合同中的文件组成、解释权的顺序和合同使用的标准，也应做出明确的规定。

2. 总承包的内容。合同应该对总承包的内容做出明确的规定，一般包括从工程立项到交付使用的工程建设全过程，具体包括可行性研究、勘察设计、设备采购、施工管理、试车考核（或交付使用）等内容。

3. 双方当事人的权利和义务。合同应对双方当事人的权利和义务做出明确的规定，这是合同的重要内容，要求规定应当详细准确。

4. 合同的履行期限。合同应当明确规定交工的时间，同时也应该对各阶段的工作期限做出明确规定。

5. 合同价款。应明确规定合同价款的计算方式、结算方式以及价款的支付期限等。

6. 工程质量与验收。合同应该明确规定对工程质量的要求，对工程质量的验收方法、验收时间以及确认方式。

7. 合同的变更。工程建设的特点决定了合同在履行过程中往往会出现一些事先没有估计或预测到的情况。双方应该明确约定在出现哪些情况后，合同、合同的价款允许变更、调整，包括不可抗力等应由发包方承担的风险也应该做出明确的规定。

8. 保险。合同对保险的办理、保险事故的处理等都应该做出明确的规定。

9. 工程保修。合同应按照国家的规定写明保修的项目、内容、范围、期限以及保修金额和支付办法。

10. 索赔和争议的处理。合同应该明确规定索赔的程序和争议的处理方式。

11. 违约责任。合同应明确双方的违约责任，包括发包方不按时支付合同款的责任、超越合同规定干预承包方工作的责任等；也包括承包方不能按照合同约定的期限和质量完成工作的责任等。

三、建设工程项目总承包合同的订立

1. 合同订立应是组织的真实意思表示。

2. 合同订立应采用书面形式，并符合相关资质管理与许可管理的规定。

3. 合同应由当事方的法定代表人或其授权的委托代理人签字或盖章；合同主体是法人或者其他组织时，应加盖单位印章。

4. 法律、行政法规规定须办理批准、登记手续后合同生效时，应依照规定办理。

5. 合同订立后应在规定期限内办理备案手续。

第三节　建设工程勘察设计合同管理

一、勘察设计合同的概念

建设工程勘察合同是指根据建设工程的要求，查明、分析、评价建设场地的地质地理环境特征和岩土工程条件，编制建设工程勘察文件的协议。建设工程设计合同是指根据建设工程的要求，对建设工程所需的技术、经济、资源、环境等条件进行综合分析、论证，编制建设工程设计文件的协议。为了保证工程项目的建设质量达到预期的投资目的，工程项目的实施过程必须遵循项目建设的内在规律，即坚持先勘察、后设计、再施工的程序。

发包人通过招标方式与选择的中标人就委托的勘察、设计任务签订合同。订立合同委托勘察、设计任务是发包人和承包人的自主市场行为，但必须遵守《中华人民共和国合同法》《中华人民共和国建筑法》《建设工程勘察设计管理条例》《建设工程勘察设计市场管理规定》等法律、法规和规章的要求。

二、勘察设计合同的订立

（一）勘察合同的订立

依据范本订立勘察合同时，双方通过协商，应根据工程项目的特点，在相应条款内明确以下方面的具体内容：

1. 发包人应提供的勘察依据文件和资料

（1）本工程批准文件（复印件），以及用地（附红线范围）、施工、勘察许可证等批件（复印件）。

（2）工程勘察任务委托书、技术要求和工作范围的地形图、建筑总平面布置图。

（3）勘察工作范围已有的技术资料及工程所需的坐标与标高资料。

（4）勘察工作范围地下已有埋藏物的资料（如电力、电信电缆、各种管道、人防设施、洞室等）及具体位置分布图。

（5）其他必要的相关资料。

2. 委托任务的工作范围

（1）工程勘察任务（内容）。一般包括：自然条件观测；地形图测绘；资源探测；岩土工程勘察；地震安全性评价；工程水文地质勘查；环境评价；模型试验等。

（2）技术要求。

（3）预计的勘察工作量。

（4）勘察成果资料提交的份数。

3. 合同工期

合同约定的勘察工作开始和终止时间。

4. 勘察费用

（1）勘察费用的预算金额。

（2）勘察费用的支付程序和每次支付的百分比。

5. 发包人应为勘察人提供的现场工作条件

根据项目的具体情况，双方可以在合同内约定由发包人负责保证勘察工作顺利开展应提供的条件，一般包括：

（1）落实土地征用、青苗树木赔偿。

（2）拆除地上地下障碍物。

（3）处理施工扰民与影响施工正常进行的有关问题。

（4）平整施工现场。

（5）修好通行道路、接通电源水源、挖好排水沟渠以及水上作业用船等。

6. 违约责任

（1）承担违约责任的条件。

（2）违约金的计算方法等。

（二）设计合同的订立

依据范本订立民用建筑设计合同时，双方通过协商，应根据工程项目的特点，在相应条款内明确以下方面的具体内容：

I. 发包人应提供的文件和资料

（1）设计依据文件和资料

主要内容包括：经批准的项目可行性研究报告或项目建议书；城市规划许可文件；工程勘察资料等。

发包人应向设计人提交的有关资料和文件在合同内须约定资料和文件的名称、份数、提交的时间和有关事宜。

（2）项目设计要求

主要内容包括：工程的范围和规模；限额设计的要求；设计依据的标准；法律、法规规定应满足的其他条件。

2. 委托任务的工作范围

（1）设计范围。合同内应明确建设规模，详细列出工程分项的名称、层数和建筑面积。

（2）建筑物的合理使用年限设计要求。

（3）委托的设计阶段和内容。可能包括方案设计、初步设计和施工图设计的全过程，也可以是其中的某几个阶段。

（4）设计深度要求。设计标准可以高于国家规范的强制性规定，发包人不得要求设计单位违反国家有关标准进行设计。方案设计文件应当满足编制初步设计文件和控制概算的需要；初步设计文件应当满足编制施工招标文件、主要设备材料订货和编制施工图设计文件的需要；施工图设计文件应当满足设备材料采购、非标准设备制作和施工的需要，并注明建设工程合理使用年限。具体内容要根据项目的特点在合同内约定。

（5）设计人配合施工工作的要求。包括向发包人和施工承包人进行设计交底；处理有关设计问题；参加重要隐蔽工程部位验收和竣工验收等事项。

3. 合同时间

合同约定的勘察工作开始和终止时间。

4. 设计费用

合同双方不得违反国家有关最低收费标准的规定，任意压低勘察、设计费用。合同内除了写明双方约定的总设计费外，还须列明分阶段支付进度款的条件、占总设计费的百分比及金额。

5. 发包人应为设计人提供的现场服务

一般包括施工现场的工作条件、生活条件以及交通等方面的具体内容。

6. 违约责任

需要约定的内容，包括承担违约责任的条件和违约金的计算方法等。

7. 合同争议的最终解决方式

明确约定解决合同争议的最终方式是采用仲裁或诉讼。采用仲裁时，须注明仲裁委员会的名称。

三、勘察设计合同的履行管理

合同订立后，当事人双方均须按照诚实信用原则和全面履行原则完成合同约定的本方义务。按照范本条款的规定，合同履行的管理工作应重点注意以下方面的责任：

（一）勘察合同履行管理

1. 发包人的责任

合同当事人可按照法律法规的要求在专用合同条款中约定履行本合同所需要的工程勘察责任保险，并使其于合同责任期内保持有效。

2. 勘察单位的责任

勘察单位应运用一切合理的专业技术和经验，按照公认的职业标准尽其全部职责和谨慎、勤勉地履行其在本合同项下的责任和义务。

3. 勘察费用的支付

（1）收费标准与付费方式

合同中约定的勘察费用计价方式，可以采用按国家规定的现行收费标准取费；预算包干；中标价加签证；实际完成工作量结算等方式中的一种。

（2）勘察费用的支付

勘察费用的支付一般遵循以下原则：合同生效后 3 天内，发包人应向勘察单位支付预算勘察费的 20% 作为定金；勘察工作外业结束后，发包人向勘察单位支付约定勘察费的某一百分比。对于勘察规模大、工期长的大型勘察工程，还可将这笔费用按实际完成的勘察进度分解，向勘察单位分阶段支付工程进度款；提交勘察成果资料后 10 天内，发包人应一次付清全部工程费用。

4. 违约责任

（1）发包人的违约责任

①合同生效后，发包人无故要求终止或解除合同，勘察单位未开始勘察工作的，不退

还发包人已付的定金或发包人按照专用合同条款约定向勘察单位支付的违约金；勘察单位已开始勘察工作的，若完成计划工作量不足 50% 的，发包人应支付勘察单位合同价款的50%；完成计划工作量超过 50% 的，发包人应支付勘察单位合同价款的 100%。

②发包人发生其他违约情形时，发包人应承担由此增加的费用和工期延误损失，并给予勘察单位合理赔偿。双方可在专用合同条款内约定发包人赔偿勘察单位损失的计算方法或者发包人应支付违约金的数额或计算方法。

（2）勘察单位的违约责任

①合同生效后，勘察单位因自身原因要求终止或解除合同，勘察单位应双倍返还发包人已支付的定金或勘察单位按照专用合同条款约定向发包人支付的违约金。

②因勘察单位原因造成工期延误的，应按专用合同条款约定向发包人支付违约金。

③因勘察单位原因造成成果资料质量达不到合同约定的质量标准，勘察单位应负责无偿给予补充完善使其达到质量标准。因勘察单位原因导致工程质量安全事故或其他事故时，勘察单位除负责采取补救措施外，应通过所投工程勘察责任保险向发包人承担赔偿责任或根据直接经济损失程度按专用合同条款约定向发包人支付赔偿金。

④勘察单位发生其他违约情形时，勘察单位应承担违约责任并赔偿因其违约给发包人造成的损失，双方可在专用合同条款内约定勘察单位赔偿发包人损失的计算方法和赔偿金额。

（二）设计合同履行管理

1. 合同的生效与设计期限

（1）合同生效

设计合同采用定金担保，合同总价的 20% 为定金。设计合同经双方当事人签字盖章并在发包人向设计单位支付定金后生效。发包人应在合同签字后的 3 日内支付该笔款项，设计单位收到定金为设计开工的标志。如果发包人未能按时支付定金，设计单位有权推迟开工时间，且交付设计文件的时间相应顺延。

（2）设计期限

设计期限是判定设计单位是否按期履行合同义务的标准，除了合同约定的交付设计文件（包括约定分次移交的设计文件）的时间外，还可能包括由于非设计单位应承担责任和风险的原因（如设计过程中发生影响设计进展的不可抗力事件；非设计单位原因的设计变更；发包人应承担责任的事件对设计进度的干扰等），经过双方补充协议确定应顺延的时间之和。

（3）合同终止

在合同正常履行的情况下，工程施工完成竣工验收工作，设计单位为合同项目的服务结束。

2.发包人的责任

（1）提供设计依据资料

①按时提供设计依据文件和基础资料。发包人应当按照合同约定时间，一次性或陆续向设计单位提交设计的依据文件和相关资料，以保证设计工作的顺利进行。如果发包人提交上述资料及文件超过规定期限15天以内，设计单位规定的交付设计文件时间相应顺延；交付上述资料及文件超过规定期限15天以上时，设计单位有权重新确定提交设计文件的时间。进行专业工程设计时，如果设计文件中须选用国家标准图、部标准图以及地方标准图，应由发包人负责解决。

②对资料的正确性负责。尽管提供的某些资料不是发包人自己完成的，如作为设计依据的勘察资料和数据等，但就设计合同的当事人而言，发包人仍须对所提交基础资料及文件的完整性、正确性、及时性负责。

（2）提供必要的现场工作条件

由于设计单位完成设计工作的主要地点不是施工现场，因此，发包人有义务为设计单位在现场工作期间提供必要的工作、生活条件。发包人为设计单位派驻现场的工作人员提供可能涉及工作、生活、交通等方面的便利条件，以及必要的劳动保护装备。

（3）外部协调工作

设计的阶段成果（初步设计、技术设计、施工图设计）完成后，应由发包人组织鉴定和验收，并负责向发包人的上级或有管理资质的设计审批部门完成报批手续。施工图设计完成后，发包人应将施工图报送建设行政主管部门，由建设行政主管部门委托的审查机构进行结构安全和强制性标准、规范执行情况等内容的审查。发包人和设计单位必须共同保证施工图设计满足以下条件：

①建筑物（包括地基基础、主体结构）的设计稳定、安全、可靠。

②设计符合消防、节能、环保、抗震、卫生、人防等有关强制性标准、规范。

③设计的施工图达到规定的设计深度。

④不存在有可能损害公共利益的其他影响。

（4）其他相关工作

发包人委托设计配合引进项目的设计任务，从询价、对外谈判、国内外技术考察直至建成投产的各个阶段，应吸收承担有关设计任务的设计单位参加。出国费用，除制装费外，其他费用由发包人支付。发包人委托设计单位承担合同约定委托范围之外的服务工作，须另行支付费用。

（5）保护设计单位的知识产权

发包人应保护设计单位的投标书、设计方案、文件、资料图样、数据、计算软件和专利技术。未经设计单位同意，发包人对设计单位交付的设计资料与文件不得擅自修改、复制或向第三人转让或用于本合同外的项目。如发生以上情况，发包人应负法律责任，设计单位有权向发包人提出索赔。

（6）遵循合理设计周期的规律

如果发包人从施工进度的需要或其他方面的考虑，要求设计单位比合同规定时间提前交付设计文件时，须征得设计单位同意。设计的质量是工程发挥预期效益的基本保障，发包人不应严重背离合理设计周期的规律，强迫设计单位不合理地缩短设计周期的时间。双方经过协商达成一致并签订提前交付设计文件的协议后，发包人应支付相应的赶工费。

3.设计单位的责任

（1）保证设计质量

保证工程设计质量是设计单位的基本责任。设计单位应依据批准的可行性研究报告、勘察资料，在满足国家规定的设计规范、规程、技术标准的基础上，按合同规定的标准完成各阶段的设计任务，并对提交的设计文件质量负责。在投资限额内，鼓励设计单位采用先进的设计思想和方案。但若设计文件中采用的新技术、新材料可能影响工程的质量或安全，而又没有国家标准时，应当由国家认可的检测机构进行试验论证，并经国务院有关部门或省（直辖市、自治区）有关部门组织的建设工程技术专家委员会审定后方可使用。负责设计的建(构)筑物须注明设计的合理使用年限。在设计文件中，选用的材料、构配件、设备等，应当注明规格、型号、性能等技术指标，其质量要求必须符合国家规定的标准。对于各设计阶段设计文件审查会提出的修改意见，设计单位应负责修正和完善。设计单位交付设计资料及文件后，须按规定参加有关的设计审查，并根据审查结论负责对不超出原定范围的内容做必要的调整补充。《建设工程质量管理条例》规定，设计单位未根据勘察成果文件进行工程设计，设计单位指定建筑材料、建筑构配件的生产厂、供应商，设计单位未按照工程建设强制性标准进行设计的，均属于违反法律和法规的行为，要追究设计单位的责任。

（2）各设计阶段的工作任务

①初步设计。总体设计（大型工程）；方案设计，主要包括建筑设计、工艺设计、进行方案比选等工作；编制初步设计文件，主要包括完善选定的方案、分专业设计并汇总、编制说明与概算、参加初步设计审查会议、修正初步设计。

②技术设计。提出技术设计计划，一般包括工艺流程试验研究、特殊设备的研制、大型建（构）筑物关键部位的试验与研究；编制技术设计文件，参加初步审查，并做必要修正。

③施工图设计。建筑设计；结构设计；设备设计；专业设计的协调；编制施工图设计文件。

（3）对外商的设计资料进行审查

在委托设计的工程中，如果有部分属于外商提供的设计，如大型设备采用外商供应的设备，则须使用外商提供的制造图样，设计单位应负责对外商的设计资料进行审查，并负责该合同项目的设计联络工作。

（4）配合施工的义务

①设计交底。设计单位在建设工程施工前，须向施工承包人和施工监理人说明建设工程勘察、设计意图，解释建设工程勘察、设计文件，以保证施工工艺达到预期的设计水平要求。设计单位按合同规定时限交付设计资料与文件后，本年内项目开始施工，负责向发包人及施工单位进行设计交底、处理有关设计问题和参加竣工验收。如果在一年内项目未开始施工，设计单位仍应负责上述工作，但可按所需工作量向发包人适当收取咨询服务费，收费额由双方以补充协议商定。

②解决施工中出现的设计问题。设计单位有义务解决施工中出现的设计问题，如属于设计变更的范围，按照变更原因确定费用负担责任。发包人要求设计单位派专人留驻施工现场进行配合与解决有关问题时，双方应另行签订补充协议或技术咨询服务合同。

③工程验收。为了保证建设工程的质量，设计单位应按合同约定参加工程验收工作。这些约定的工作可能涉及重要部位的隐蔽工程验收、试车验收和竣工验收。

（5）保护发包人的知识产权

设计单位应保护发包人的知识产权，不得向第三人泄露、转让发包人提交的产品图样等技术经济资料。如发生以上情况并给发包人造成经济损失，发包人有权向设计单位索赔。

4. 支付管理

（1）定金的支付

设计合同由于采用定金担保，因此，合同内没有预付款。发包人应在合同生效后3天内，支付设计费总额的20%作为定金。在合同履行过程中的中期支付中，定金不参与结算，双方的合同义务全部完成进行合同结算时，定金可以抵作设计费或收回。

（2）合同价格

在现行体制下，建设工程勘察、设计发包人与承包人应当执行国家有关建设工程勘察费、设计费的管理规定。签订合同时，双方商定合同的设计费，收费依据和计算方法按国家和地方有关规定执行。国家和地方没有规定的，由双方商定。如果合同约定的费用为估算设计费，则双方在初步设计审批后，须按批准的初步设计概算核算设计费。工程建设期间如遇概算调整，则设计费也应做相应调整。

（3）设计费的支付与结算

①对于采取固定总价形式的合同，发包人应当按照专用合同条款附件的约定及时支付尾款。

②对于采取固定单价形式的合同，发包人与设计单位应当按照专用合同条款附件约定的结算方式及时结清工程设计费，并将结清未支付的款项一次性支付给设计单位。

③对于采取其他价格形式的，也应按专用合同条款的约定及时结算和支付。

5. 设计工作内容的变更

第一，发包人变更工程设计的内容、规模、功能、条件等，应当向设计单位提供书面要求，设计单位在不违反法律规定，以及技术标准强制性规定的前提下应当按照发包人要求变更工程设计。

第二，发包人变更工程设计的内容、规模、功能、条件或因提交的设计资料存在错误或做较大修改时，发包人应按设计单位所耗工作量向设计单位增付设计费，设计单位可按本条约定和专用合同条款附件的约定，与发包人协商对合同价格和（或）完工时间做可以共同接受的修改。

第三，如果由于发包人要求更改而造成的项目复杂性的变更或性质的变更使得设计单位的设计工作减少，发包人可按约定和专用合同条款附件的约定，与设计单位协商对合同价格和（或）完工时间做可共同接受的修改。

第四，基准日期后，与工程设计服务有关的法律、技术标准的强制性规定的颁布与修改，由此增加的设计费用和（或）延长的设计周期由发包人承担。

第五，如果发生设计单位认为有理由提出增加合同价款或延长设计周期的要求事项，除专用合同条款对期限另有约定外，设计单位应于该事项发生后5天内书面通知发包人。除专用合同条款对期限另有约定外，在该事项发生后10天内，设计单位应向发包人提供证明设计单位要求的书面声明，其中，包括设计单位关于因该事项引起的合同价款和设计周期的变化的详细计算。除专用合同条款对期限另有约定外，发包人应在接到设计单位书面声明后的5天内，予以书面答复。逾期未答复的，视为发包人同意设计单位关于增加合同价款或延长设计周期的要求。

6.违约责任

（1）发包人的违约责任

①合同生效后，发包人因非设计单位原因要求终止或解除合同，设计单位未开始设计工作的，不退还发包人已付的定金或发包人按照专用合同条款的约定向设计单位支付的违约金；已开始设计工作的，发包人应按照设计单位已完成的实际工作量计算设计费，完成工作量不足一半时，按该阶段设计费的一半支付设计费；完成工作量超过一半时，按该阶段设计费的全部支付设计费。

②发包人未按专用合同条款附件约定的金额和期限向设计单位支付设计费的，应按专用合同条款约定向设计单位支付违约金。逾期超过15天时，设计单位有权书面通知发包人中止设计工作。自中止设计工作之日起15天内发包人支付相应费用的，设计单位应及时根据发包人要求恢复设计工作；自中止设计工作之日起超过15天后发包人支付相应费用的，设计单位有权确定重新恢复设计工作的时间，且设计周期相应延长。

③发包人的上级或设计审批部门对设计文件不进行审批或本合同工程停建、缓建，发包人应在事件发生之日起15天内按合同第 × 条［合同解除］的约定向设计单位结算并支付设计费。

④发包人擅自将设计单位的设计文件用于本工程以外的工程或交第三方使用时，应承担相应法律责任，并应赔偿设计单位因此遭受的损失。

（2）设计单位的违约责任

①合同生效后，设计单位因自身原因要求终止或解除合同，设计单位应按发包人已支付的定金金额双倍返还给发包人或设计单位按照专用合同条款的约定向发包人支付违约金。

②由于设计单位原因，未按专用合同条款附件约定的时间交付工程设计文件的，应按专用合同条款的约定向发包人支付违约金，前述违约金经双方确认后可在发包人应付设计费中扣减。

③设计单位对工程设计文件出现的遗漏或错误负责修改或补充。由于设计单位原因产生的设计问题造成工程质量事故或其他事故时，设计单位除负责采取补救措施外，应当通过所投建设工程设计责任保险向发包人承担赔偿责任或者根据直接经济损失程度按专用合同条款约定向发包人支付赔偿金。

④设计单位未经发包人同意擅自对工程设计进行分包的，发包人有权要求设计单位解除未经发包人同意的设计分包合同，设计单位应当按照专用合同条款的约定承担违约责任。

第四节　建设工程施工合同管理

一、建设工程施工合同概述

（一）建设工程施工合同的概念和特点

1. 合同标的的特殊性

施工合同的标的是各类建筑产品，建筑产品是不动产，建造过程中往往受到自然条件、地质水文条件、社会条件、人为条件等因素的影响。这就决定了每个施工合同的标的物不同于工厂批量生产的产品，具有单件性的特点。所谓"单件性"是指不同地点建造的相同类型和级别的建筑，施工过程中所遇到的情况不尽相同。例如，在甲工程施工中遇到的困难在乙工程不一定发生，而在乙工程施工中可能出现甲工程没有发生过的问题，相互间具有不可替代性。因此，必然导致合同标的特殊性。

2. 合同履行期限的长期性

建筑物的施工由于结构复杂、体积大、建筑材料类型多、工作量大，使得工期都较长（与一般工业产品的生产相比）。在较长的合同期内，双方履行义务往往会受到不可抗力、履行过程中法律法规政策的变化、市场价格的浮动等因素的影响，必然导致合同的内容约定、履行管理都很复杂。

3. 合同内容的复杂性

虽然施工合同的当事人只有两方，但是履行过程中涉及的主体却有许多种。合同内容的约定还须与其他相关合同相协调，如设计合同、供货合同、本工程的其他施工合同等。

（二）建设工程施工合同范本简介

I.合同范本的作用

鉴于施工合同的内容复杂、涉及面宽，为了避免施工合同的编制者遗漏某些方面的重要条款，或条款约定责任不够公平合理，中华人民共和国住房和城乡建设部和国家市场监督管理总局印发了《建设工程施工合同示范文本》（GF-2013-0201）（以下简称"施工合同示范文本"）。施工合同示范文本的条款内容，不仅涉及各种情况下双方的合同责任和规范化的履行管理程序，而且涵盖了非正常情况的处理原则，如变更、索赔、不可抗力、合同的被迫终止、争议的解决等方面。施工合同示范文本中的条款属于推荐使用，应结合具体工程的特点加以取舍、补充，最终形成责任明确、操作性强的合同。

2. 建设工程施工合同（示范文本）

《建设工程施工合同示范文本》由合同协议书、通用合同条款、专用合同条款三部分组成。

（1）合同协议书

《建设工程施工合同示范文本》合同协议书共计 13 条，主要包括：工程概况、合同工期、质量标准、签约合同价和合同价格形式、项目经理、合同文件构成、承诺以及合同生效条件等重要内容，集中约定了合同当事人基本的合同权利义务。

（2）通用合同条款

通用合同条款是合同当事人根据《中华人民共和国建筑法》《中华人民共和国合同法》等法律法规的规定，就工程建设的实施及相关事项，对合同当事人的权利义务做出的原则性约定。

通用合同条款共计 20 条，具体条款分别为：一般约定、发包人、承包人、监理人、工程质量、安全文明施工与环境保护、工期和进度、材料与设备、试验与检验、变更、价格调整、合同价格、计量与支付、验收和工程试车、竣工结算、缺陷责任与保修、违约、不可抗力、保险、索赔和争议解决。前述条款安排既考虑了现行法律法规对工程建设的有关要求，也考虑了建设工程施工管理的特殊需要。

（3）专用合同条款

专用合同条款是对通用合同条款原则性约定的细化、完善、补充、修改或另行约定的条款。合同当事人可以根据不同建设工程的特点与具体情况，通过双方的谈判、协商对相应的专用合同条款进行修改补充。

（三）合同管理涉及的有关各方

1. 合同当事人

（1）发包人

通用合同条款规定，发包人是指在协议书中约定，具有工程发包主体资格和支付工程价款能力的当事人以及取得该当事人资格的合法继承人。

（2）承包人

通用合同条款规定，承包人是指在协议书中约定，被发包人接受的具有工程施工承包主体资格的当事人以及取得该当事人资格的合法继承人。

从以上两个定义可以看出，施工合同签订后，当事人任何一方均不允许转让合同。因为承包人是发包人通过复杂的招标选中的实施者；发包人则是承包人在投标前出于对其信誉和支付能力的信任才参与竞争取得合同。因此，按照诚实信用原则，订立合同后，任何一方都不能将合同转让给第三者。所谓合法继承人是指因资产重组后，合并或分立后的法人或组织可以作为合同的当事人。

2. 工程师

《建设工程施工合同示范文本》定义的工程师包括监理单位委派的总监理工程师或者发包人指定的履行合同的负责人两种情况。

（1）发包人委托的监理。发包人可以委托监理单位全部或者部分负责合同的履行管理。监理单位委派的总监理工程师在施工合同中称为工程师。总监理工程师是经监理单位法定代表人授权，派驻施工现场监理组织的总负责人，行使监理合同赋予监理单位的权利和义务，全面负责受委托工程的监理工作。发包人应当将委托的监理单位名称、工程师的姓名、监理内容及监理权限以书面形式通知承包人。除合同内有明确约定或经发包人同意外，负责监理的工程师无权解除承包人的任何义务。

（2）发包人派驻代表。对于国家未规定实施强制监理的工程施工，发包人也可以派驻代表自行管理。发包人派驻施工场地履行合同的代表在施工合同中也称工程师。发包人代表是经发包人单位法定代表人授权，派驻施工现场的负责人，其姓名、职务、职责在专用条款内约定，但职责不得与监理单位委派的总监理工程师职责相互交叉。双方职责发生交叉或不明确时，由发包人明确双方职责，并以书面形式通知承包方。

（3）工程师易人。在施工过程中，如果发包人需要撤换工程师，应至少于易人前7天以书面形式通知承包人。后任继续履行合同文件的约定与前任工程师的权利和义务，不得更改前任工程师做出的书面承诺。

二、建设工程施工合同的订立

依据施工合同示范文本，订立合同时应注意通用合同条款与专用合同条款须明确说明的内容。

（一）工期和合同价格

l.工期

在合同协议书内应明确注明开工日期、竣工日期和合同工期总日历天数。如果是招标选择的承包人，工期总日历天数应为投标书内承包人承诺的天数，不一定是招标文件要求的天数。招标文件通常规定，本招标工程最长允许的完工时间，而承包人为了竞争，申报的投标工期往往短于招标文件限定的最长工期，此项因素通常也是评标比较的一项内容。因此，在中标通知书中已注明发包人接受的投标工期。

合同内如果有发包人要求分阶段移交的单位工程或部分工程时，在专用条款内还须明确约定中间交工工程的范围和竣工时间。此项约定也是判定承包人是否按合同履行了义务的标准。

2.合同价款

（1）发包人接受的合同价款

在合同协议书内同样要注明合同价款。虽然中标通知书中已写明了来源于投标书的中标合同价款，但是考虑到某些工程可能不是通过招标选择的承包人，如合同价值低于法规要求必须招标的小型工程或出于保密要求直接发包的工程等。因此，标准化合同协议书内仍要求填写合同价款。非招标工程的合同价款，由当事人双方依据工程预算书协商后，填写在协议书内。

（2）费用

在合同的许多条款内涉及"费用"和"追加合同价款"两个专用术语。费用是指不包含在合同价款之内的应当由发包人或承包人承担的经济支出。追加合同价款是指合同履行中发生需要增加合同价款的情况，经发包人确认后，按照计算合同价款的方法给承包人增加的合同价款。

（3）合同的计价方式

通用条款中规定有三类可选择的计价方式，本合同采用哪种方式须在专用条款中说明。可选择的计价方式有：

①固定价格合同，是指在约定的风险范围内价款不再调整的合同。这种合同的价款并不是绝对不可调整，而是约定范围内的风险由承包人承担。工程承包活动中采用的总价合同和单价合同均属于此类合同。双方须在专用条款内约定合同价款包含的风险范围、风险费用的计算方法和承包风险范围以外对合同价款影响的调整方法，在约定的风险范围内合同价款不再调整。

②可调价格合同，是针对固定价格而言，通常用于工期较长的施工合同。如工期在18个月以上的合同，发包人和承包人在招投标阶段和签订合同时不可能合理预见到一年半以后物价浮动和后续法规变化对合同价款的影响，为了合理分担外界因素影响的风险，应采用可调价合同。对于工期较短的合同，专用合同条款内也要约定因外部条件变化对施工产生成本影响可以调整合同价款的内容。可调价合同的计价方式与固定价格合同基本相同，只是增加可调价的条款，因此，在专用合同条款内应明确约定调价的计算方法。

③成本加酬金合同，是指发包人负担全部工程成本，对承包人完成的工作支付相应酬金的计价方式。这类计价方式，通常用于紧急工程施工，如灾后修复工程；或采用新技术、新工艺施工，双方对施工成本均心中无底，为了合理分担风险采用此种方式，合同双方应在专用合同条款内约定成本构成和酬金的计算方法。

具体工程承包的计价方式不一定是单一的方式，只要在合同内明确约定具体工作内容采用的计价方式，也可以采用组合计价方式。如工期较长的施工合同，主体工程部分采用可调价的单价合同；而某些较简单的施工部位采用不可调价的固定总价承包；涉及使用新工艺施工部位或某项工作，用成本加酬金方式结算该部分的工程款。

（4）工程预付款的约定

施工合同的支付程序中是否有预付款，取决于工程的性质、承包工程量的大小以及发包人在招标文件中的规定。预付款是发包人为了帮助承包人解决工程施工前期资金紧张的困难，提前给付的一笔款项。在专用合同条款内应约定预付款总额、一次或分阶段支付的时间及每次付款的比例（或金额）、扣回的时间及每次扣回的计算方法、是否需要承包人提供预付款保函等相关内容。

（5）支付工程进度款的约定

在专用合同条款内约定工程进度款的支付时间和支付方式。工程进度款支付可以采用按月计量支付、按里程碑完成工程的进度分阶段支付或完成工程后一次性支付等方式。对合同内不同的工程部位或工作内容可以采用不同的支付方式，只要在专用合同条款中具体明确即可。

（二）对双方有约束力的合同文件

I. 合同文件的组成

在协议书和通用合同条款中规定，对合同当事人双方有约束力的合同文件包括签订合同时已形成的文件和履行过程中构成对双方有约束力的文件两大部分。

（1）订立合同时已形成的文件

主要包括：施工合同协议书；中标通知书；投标书及其附件；施工合同专用合同条款；施工合同通用合同条款；标准、规范以及有关技术文件；图样；工程量清单；工程报价单或预算书。

（2）合同履行过程中形成的文件

在合同履行过程中，双方有关工程的洽商、变更等书面协议或文件也构成对双方有约束力的合同文件，将其视为协议书的组成部分。

2.对合同文件中矛盾或歧义的解释

（1）合同文件的优先解释次序

通用合同条款规定，上述合同文件原则上应能够互相解释、互相说明。但当合同文件中出现含糊不清或不一致时，各文件的序号就是合同的优先解释顺序。由于履行合同时双方达成一致的洽商、变更等书面协议发生时间在后，且经过当事人签署，因此，作为协议书的组成部分，排序放在第一位。如果双方不同意这种次序安排，可以在专用合同条款内约定本合同的文件组成和解释次序。

（2）合同文件出现矛盾或歧义的处理程序

按照通用合同条款的规定，当合同文件内容含糊不清或不一致时，在不影响工程正常进行的情况下，由发包人和承包人协商解决。双方也可以提请负责监理的工程师做出解释。双方协商不成或不同意负责监理的工程师的解释时，按合同约定的解决争议的方式处理。对于实行"小业主、大监理"的工程，可以在专用合同条款中约定工程师做出的解释对双方都有约束力，如果任何一方不同意工程师的解释，再按合同争议的方式解决。

（三）标准和规范

标准和规范是检验承包人施工应遵循的准则以及判定工程质量是否满足要求的标准。

国家标准是强制性标准，合同约定的标准不得低于强制性标准，但发包人从建筑产品功能要求出发，可以对工程或部分工程部位提出更高的质量要求。在专用合同条款内必须明确规定本工程与主要部位应达到的质量要求，以及施工过程中需要进行质量检测和试验的时间、试验内容、试验地点和方式等具体约定。

对于采用新技术、新工艺施工的部分，如果我国没有相应标准、规范时，在合同内也应约定对质量检验的方式、检验的内容以及应达到的指标要求，否则无从判定施工的质量是否合格。

（四）发包人和承包人的工作

1.发包人的义务

通用合同条款规定以下工作属于发包人应完成的工作:

第一,办理土地征用、拆迁补偿、平整施工场地等工作,使施工场地具备施工条件,并在开工后继续解决以上事项的遗留问题。专用合同条款内需要约定施工场地具备施工条件的要求及完成的时间,以便承包人能够及时接收适用的施工现场,按计划开始施工。

第二,将施工所需水、电、电信线路从施工场地外部接至专用合同条款约定地点,并保证施工期间需要。专用合同条款内需要约定三通的时间、地点和供应要求。某些偏僻地域的工程或大型工程,可能要求承包人从水源地(如附近的河中取水)或用柴油机发电解决施工用电,则也应在专用条件内明确,说明通用合同条款的此项规定本合同不采用。

第三,开通施工场地与城乡公共道路的通道,以及专用合同条款约定的施工场地内的主要交通干道,保证施工期间的畅通,满足施工运输的需要。专用合同条款内需要约定移交给承包人交通通道或设施的开通时间和应满足的要求。

第四,向承包人提供施工场地的工程地质和地下管线资料,保证数据真实,位置准确。专用合同条款内需要约定向承包人提供工程地质和地下管线资料的时间。

第五,办理法律、法规规定的施工许可证和临时用地、停水、停电、中断道路交通、爆破作业以及可能损坏道路、管线、电力、通信等公共设施的申请批准手续及其他施工所需的证件(证明承包人自身资质的证件除外)。专用合同条款内需要约定发包人提供施工所需证件、批件的名称和时间,以便承包人合理进行施工组织。

第六,确定水准点与坐标控制点,以书面形式交给承包人,并进行现场交验。专用合同条款内需要分项明确约定放线依据资料的交验要求,以便合同履行过程中合理地区分放线错误的责任归属。

第七,组织承包人和设计单位进行图纸会审和设计交底。专用合同条款内需要约定具体的时间。

第八,协调处理施工现场周围地下管线和邻近建筑物、构筑物(包括文物保护建筑)、古树名木的保护工作,并承担有关费用。专用合同条款内需要约定具体的范围和内容。

第九,发包人应做的其他工作双方在专用合同条款内约定。专用合同条款内需要根据项目的特点和具体情况约定相关的内容。

虽然通用合同条款内规定上述工作内容属于发包人的义务,但是发包人可以将上述部分工作委托承包方办理,具体内容可以在专用合同条款内约定,其费用由发包人承担。属于合同约定的发包人义务,如果出现不按合同约定完成,导致工期延误或给承包人造成损失时,发包人应赔偿承包人的有关损失,延误的工期相应顺延。

2.承包人义务

通用合同条款规定,以下工作属于承包人的义务:

第一,根据发包人的委托,在其设计资质允许的范围内,完成施工图设计或与工程配套的设计,经工程师确认后使用,发生的费用由发包人承担。如果属于设计施工总承包合同或承包工作范围内包括部分施工图设计任务,则专用合同条款内需要约定承担设计任务单位的设计资质等级及设计文件的提交时间和文件要求（可能属于施工承包人的设计分包人）。

第二，向工程师提供年、季、月工程进度计划以及相应进度统计报表。专用合同条款内需要约定应提供计划、报表的具体名称和时间。

第三，按工程需要提供和维修非夜间施工使用的照明、围栏设施，并负责安全保卫。专用合同条款内需要约定具体的工作位置和要求。

第四，按专用合同条款约定的数量和要求，向发包人提供在施工现场办公和生活的房屋以及设施，发生的费用由发包人承担。专用合同条款内需要约定设施名称、要求和完成时间。

第五，遵守有关部门对施工场地交通、施工噪声以及环境保护和安全生产等的管理规定，按管理规定办理有关手续，并以书面形式通知发包人。发包人承担由此发生的费用，因承包人责任造成的罚款除外。专用合同条款内需要约定需承包人办理的有关内容。

第六，已竣工工程未交付发包人之前，承包人按专用合同条款约定负责已完成工程的成品保护工作，保护期间发生损坏，承包人自费予以修复。要求承包人采取特殊措施保护的单位工程的部位和相应追加合同价款，在专用合同条款内约定。

第七，按专用合同条款的约定做好施工现场地下管线和邻近建筑物、构筑物（包括文物保护建筑）、古树名木的保护工作。专用合同条款内约定需要保护的范围和费用。

第八，保护施工场地清洁符合环境卫生管理的有关规定。

第九，承包人应做的其他工作，双方在专用合同条款内约定。

承包人不履行上述各项义务，造成发包人损失的，应对发包人的损失给予赔偿。

三、施工准备阶段的合同管理

（一）施工图样

在工程准备阶段应完成施工图设计文件的审查。施工图样经过工程师审核签认后，在合同约定的日期前发放给承包人。以保证承包人及时编制施工进度计划和组织施工。施工图样可以一次提供，也可以各单位工程开始施工前分阶段提供，只要符合专用合同条款的约定，不影响承包人按时开工即可。

I. 发包人责任

发包人应免费按专用合同条款约定的份数供应承包人图样。承包人要求增加图样套数时，发包人应代为复制，但复制费用由承包人承担。发放给承包人的图样中，应在施工现场保留一套完整图样供工程师及有关人员进行工程检查时使用。

2. 承包人负责设计的图样

在有些情况下承包人享有专利权的施工技术，若具有设计资质和能力，可以由其完成部分施工图的设计，或由其委托设计分包人完成。在承包工作范围内，包括部分由承包人负责设计的图样，则应在合同约定的时间内将按规定的审查程序批准的设计文件提交工程师审核，经过工程师签认后才可以使用。但工程师对承包人设计的认可，不能解除承包人的设计责任。

（二）施工进度计划

就合同工程的施工组织而言，招标阶段承包人在投标书内提交的施工方案或施工组织设计的深度相对较浅，签订合同后通过对现场的进一步考察和工程交底，对工程的施工有了更深入的了解。因此，承包人应当在专用合同条款约定的日期，将施工组织设计和施工进度计划提交工程师。群体工程中采取分阶段进行施工的单项工程，承包人则应按照发包人提供图样及有关资料的时间，按单项工程编制进度计划，分别向工程师提交。

工程师接到承包人提交的进度计划后，应当予以确认或者提出修改意见，时间限制则由双方在专用合同条款中约定。如果工程师逾期不确认也不提出书面意见，则视为已经同意。工程师对进度计划和对承包人施工进度的认可，不免除承包人对施工组织设计和工程进度计划本身的缺陷所应承担的责任。进度计划经工程师予以认可的主要目的，是作为发包人和工程师依据计划进行协调和对施工进度控制的依据。

（三）双方做好施工前的有关准备工作

开工前，合同双方还应当做好其他各项准备工作。如发包人应当按照专用合同条款的规定使施工现场具备施工条件；开通施工现场公共道路，承包人应当做好施工人员和设备的调配工作。

就工程师而言，特别需要做好水准点与坐标控制点的交验，按时提供标准、规范。为了能够按时向承包人提供设计图样，工程师可能还需要做好设计单位的协调工作，按照专用合同条款的约定组织图样会审和设计交底。

（四）开工

承包人应在专用合同条款约定的时间按时开工，以便保证在合理工期内及时竣工。但在特殊情况下，工程的准备工作不具备开工条件，则应按合同的约定区分延期开工的责任。

l.承包人要求的延期开工

如果是承包人要求的延期开工，则工程师有权批准是否同意延期开工。

承包人不能按时开工，应在不迟于协议书约定的开工日期前 7 天，以书面形式向工程师提出延期开工的理由和要求。工程师在接到延期开工申请后的 48 小时内未予答复，视为同意承包人的要求，工期相应顺延。如果工程师不同意延期要求，则工期不予顺延。如果承包人未在规定时间内提出延期开工要求，则工期也不予顺延。

2. 发包人原因的延期开工

因发包人的原因施工现场尚不具备施工的条件，影响了承包人不能按照协议书约定的日期开工时，工程师应以书面形式通知承包人推迟开工日期。发包人应当赔偿承包人因此造成的损失，相应顺延工期。

（五）工程的分包

施工合同范本的通用合同条款规定，未经发包人同意，承包人不得将承包工程的任何部分分包；工程分包不能解除承包人的任何责任和义务。

发包人通过复杂的招标程序选择了综合能力最强的投标人，要求其来完成工程的施工，因此，合同管理过程中对工程分包要进行严格控制。承包人出于自身能力考虑，可能将部分自己没有实施资质的特殊专业工程分包，也可将部分较简单的工作内容分包。包括在承包人投标书内的分包计划，发包人通过接受投标书已表示了认可，如果施工合同履行过程中承包人又提出分包要求，则需要经过发包人的书面同意。发包人控制工程分包的基本原则是，主体工程的施工任务不允许分包，主要工程量必须由承包人完成。

经过发包人同意的分包工程，承包人选择的分包人需要提请工程师同意。工程师主要审查分包人是否具备实施分包工程的资质和能力，未经工程师同意的分包人不得进入现场参与施工。

虽然对分包的工程部位而言涉及两个合同，即发包人与承包人签订的施工合同和承包人与分包人签订的分包合同，但是工程分包不能解除承包人对发包人应承担的在该工程部位施工的合同义务。同样，为了保证分包合同的顺利履行，发包人未经承包人同意，不得以任何形式向分包人支付各种工程款项，分包人完成施工任务的报酬只能依据分包合同由承包人支付。

（六）支付工程预付款

合同约定有工程预付款的，发包人应按规定的时间和数额支付预付款。为了保证承包人如期开始施工前的准备工作和开始施工，预付时间应不迟于约定的开工日期前 7 天。

发包人不按约定预付，承包人在约定预付时间 7 天后向发包人发出要求预付的通知。发包人收到通知后仍不能按要求预付，承包人可在发出通知 7 天后停止施工，发包人应从约定应付之日起向承包人支付应付款的贷款利息，并承担违约责任。

四、施工过程的合同管理

（一）对材料和设备的质量控制

为了保证工程项目达到投资建设的预期目的，确保工程质量至关重要。对工程质量进行严格控制，应从使用的材料质量控制开始。

1. 材料设备的到货检验

工程项目使用的建筑材料和设备按照专用合同条款约定的采购供应责任，可以由承包人负责，也可以由发包人提供全部或部分材料和设备。

（1）发包人供应的材料设备

发包人应按照专用合同条款的材料设备供应一览表，按时、按质、按量将采购的材料和设备运抵施工现场，与承包人共同进行到货清点。

①发包人供应材料设备的现场接收。发包人应当向承包人提供其供应材料设备的产品合格证明，并对这些材料设备的质量负责。发包人在其所供应的材料设备到货前24小时，应以书面形式通知承包人，由承包人派人与发包人共同清点。清点的工作主要包括外观质量检查及对照发货单证进行数量清点，大宗建筑材料进行必要的抽样检验（物理、化学试验）等。

②材料设备接收后移交承包人保管。发包人供应的材料设备经双方共同清点接收后，由承包人妥善保管，发包人支付相应的保管费用。因承包人的原因发生损坏丢失，由承包人负责赔偿。发包人不按规定通知承包人验收，发生的损坏丢失由发包人负责。

③发包人供应的材料设备与约定不符时的处理。发包人供应的材料设备与约定不符时，应当由发包人承担有关责任。视具体情况不同，按照以下原则处理：材料设备单价与合同约定不符时，由发包人承担所有差价；材料设备种类、规格、型号、数量、质量等级与合同约定不符时，承包人可以拒绝接收保管，由发包人运出施工场地并重新采购；发包人供应材料的规格、型号与合同约定不符时，承包人可以代为调剂串换，发包方承担相应的费用；到货地点与合同约定不符时，发包人负责运至合同约定的地点；供应数量少于合同约定的数量时，发包人将数量补齐；多于合同约定的数量时，发包人负责将多出部分运出施工场地；到货时间早于合同约定时间，发包人承担因此发生的保管费用；到货时间迟于合同约定的供应时间，由发包人承担相应的追加合同价款。发生延误，相应顺延工期，发包人赔偿由此给承包人造成的损失。

（2）承包人采购的材料设备

①承包人负责采购材料设备的，应按照合同专用合同条款约定及设计要求和有关标准采购，并提供产品合格证明，对材料设备质量负责。

②承包人在材料设备到货前24小时应通知工程师共同进行到货清点。

③承包人采购的材料设备与设计或标准要求不符时，承包人应在工程师要求的时间内运出施工现场，重新采购符合要求的产品，承担由此发生的费用，延误的工期不予顺延。

2. 材料和设备的使用前检验

为了防止材料和设备在现场储存时间过长或保管不善而导致质量的降低，应在用于永久工程施工前进行必要的检查试验。按照材料设备的供应义务，对合同责任做了如下区分：

（1）发包人供应材料设备

发包人供应的材料设备进入施工现场后需要在使用前检验或者试验的，由承包人负责检查试验，费用由发包人负责。按照合同对质量责任的约定，此次检查试验通过后，仍不能解除发包人供应材料设备存在的质量缺陷责任，即承包人检验通过之后，如果又发现材料设备有质量问题时，发包人仍应承担重新采购及拆除重建的追加合同价款，并相应顺延由此延误的工期。

（2）承包人负责采购的材料和设备

①采购的材料设备在使用前，承包人应按工程师的要求进行检验或试验，不合格的不得使用，检验或试验费用由承包人承担。

②工程师发现承包人采购并使用不符合设计或标准要求的材料设备时，应要求由承包人负责修复、拆除或重新采购，并承担发生的费用，由此延误的工期不予顺延。

③承包人需要使用代用材料时，应经工程师认可后才能使用，由此增减的合同价款双方以书面形式议定。

④由承包人采购的材料设备，发包人不得指定生产厂或供应商。

（二）对施工质量的监督管理

工程师在施工过程中应采用巡视、旁站、平行检验等方式监督检查承包人的施工工艺和产品质量，对建筑产品的生产过程进行严格控制。

1. 工程质量标准

（1）工程师对质量标准的控制

承包人施工的工程质量应当达到合同约定的标准。发包人对部分或者全部工程质量有特殊要求的，应支付由此增加的追加合同价款，对工期有影响的应给予相应顺延。工程师依据合同约定的质量标准对承包人的工程质量进行检查，达到或超过约定标准的，给予质量认可（不评定质量等级）；达不到要求时，则予拒收。

（2）不符合质量要求的处理

不论何时，工程师一经发现质量达不到约定标准的工程部分，均可要求承包人返工。承包人应当按照工程师的要求返工，直到符合约定标准。因承包人的原因达不到约定标准，由承包人承担返工费用，工期不予顺延。因发包人的原因达不到约定标准，由发包人承担返工的追加合同价款，工期相应顺延。因双方原因达不到约定标准，责任由双方分别承担。如果双方对工程质量有争议，由专用合同条款约定的工程质量监督部门鉴定，所需费用及因此造成的损失，由责任方承担。双方均有责任的，由双方根据其责任分别承担。

2. 施工过程中的检查和返工

承包人应认真按照标准、规范和设计要求以及工程师依据合同发出的指令施工，随时接受工程师及其委派人员的检查检验，并为检查检验工作提供便利条件。工程质量达不到约定标准的部分，工程师一经发现，可要求承包人拆除和重新施工，承包人应按工程师及其委派人员的要求拆除和重新施工，承担由于自身原因导致拆除和重新施工的费用，工期不予顺延。

经过工程师检查检验合格后，又发现因承包人原因出现的质量问题，仍由承包人承担责任，赔偿发包人的直接损失，工期不予顺延。

工程师的检查检验原则上不应影响施工正常进行。如果实际影响了施工的正常进行，其后果责任由检验结果的质量是否合格来区分合同责任。检查检验不合格时，影响正常施工的费用由承包人承担。除此之外，影响正常施工的追加合同价款由发包人承担，相应顺延工期。

因工程师指令失误和其他非承包人原因发生的追加合同价款，由发包人承担。

3. 使用专利技术或特殊工艺施工

如果发包人要求承包人使用专利技术或特殊工艺施工，应负责办理相应的申报手续，承担申报、试验、使用等费用。

若承包人提出使用专利技术或特殊工艺施工，应首先取得工程师认可，然后由承包人负责办理申报手续并承担有关费用。

不论哪一方要求使用他人的专利技术，一旦发生擅自使用他人专利权的情况时，由责任者依法承担相应责任。

（三）隐蔽工程与重新检验

由于隐蔽工程在施工中一旦完成隐蔽，将很难再对其进行质量检查（这种检查往往成本很大），因此，必须在隐蔽前进行检查验收。对于中间验收，应在专用合同条款中约定，对需要进行中间验收的单项工程和部位及时进行检查、试验，不应影响后续工程的施工。发包人应为检验和试验提供便利条件。

1. 检验程序

（1）承包人自检

工程具备隐蔽条件或达到专用合同条款约定的中间验收部位，承包人进行自检，并在隐蔽或中间验收前48小时以书面形式通知工程师验收。通知包括隐蔽和中间验收的内容、验收时间和地点。承包人准备验收记录。

（2）共同检验

工程师接到承包人的请求验收通知后，应在通知约定的时间与承包人共同进行检查或试验。检测结果表明质量验收合格，经工程师在验收记录上签字后，承包人可进行工程隐蔽和继续施工。验收不合格，承包人应在工程师限定的时间内修改后重新验收。

如果工程师不能按时进行验收，应在承包人通知的验收时间前24小时，以书面形式向承包人提出延期验收要求，但延期不能超过 48 小时。

若工程师未能按以上时间提出延期要求，又未按时参加验收，承包人可自行组织验收。承包人经过验收的检查、试验程序后，将检查、试验记录送交工程师。本次检验视为工程师在场情况下进行的验收，工程师应承认验收记录的正确性。

经工程师验收，工程质量符合标准、规范和设计图样等要求，验收 24 小时后，工程师不在验收记录上签字，视为工程师已经认可验收记录，承包人可进行隐蔽或继续施工。

2.重新检验

无论工程师是否参加了验收，当其对某部分的工程质量有怀疑时，均可要求承包人对已经隐蔽的工程进行重新检验。承包人接到通知后，应按要求进行剥离或开孔，并在检验后重新覆盖或修复。

重新检验表明质量合格，发包人承担由此发生的全部追加合同价款，赔偿承包人损失，并相应顺延工期；检验不合格，承包人承担发生的全部费用，工期不予顺延。

第五节　工程建设监理委托合同

一、工程建设监理委托合同概述

（一）概念

建设监理制是我国建设领域正在推广的一项制度。所谓建设监理，就是监理的执行者，依据建设行政法规和技术标准，综合运用法律、经济、行政和技术手段，进行必要的协调与约束，保障工程建设井然有序地顺畅进行，达到工程建设的投资、建设进度、质量等的最优组合。

《工程建设监理规定》指出"监理单位承担监理业务，应当与项目法人签订书面工程建设监理合同"。这实际上是为当事人双方之间建立合同关系提供了一个法律保护的基础，也是国际惯例。

工程建设委托监理合同简称为建设监理合同或监理合同。建设监理合同是业主（建设单位）与监理单位之间，为委托监理单位承担特定的工程监理业务而明确双方权利义务关系的协议。

工程监理合同除具有一般经济合同的特征外，还具有以下自身的特征：

1.监理合同的主体是业主与监理单位

在我国，业主是指由投资方派代表组成，全面负责项目投资、项目建设、生产经营、归还贷款和债券本息并承担投资风险的管理班子。

具体分为三类：第一类，工程项目由原有企业投资的，原有企业的领导班子即为业主；第二类，工程项目由多方投资的，其成立的董事会即为业主；第三类，工程项目由政府单一投资，其设立的管理委员会或工程公司即为业主。

而监理单位是指取得监理资质证书，具有法人资格的监理公司、监理事务所和兼营监理业务的工程设备、科学研究以及工程建设咨询单位。

2. 监理合同的标的与性质具有特殊性

监理合同的标的是监理单位所提供的服务，即监理工程师凭据自己的知识、经验、技能，受业主委托为其所签订的其他合同的履行实施监督和管理的职责。监理单位所提供的服务并不直接产生客体的物化劳动成果，只是产生于自己的劳动不可分离的服务效益，这一点与其他建设合同不同。勘察、设计、施工合同的标的都是完成特定工作的行为，即一方接受对方的要求，以自己的行为完成特定的工作并取得一定的成果，即完成工作体现的是具体的物化劳动成果。

3. 监理单位与业主、承包商之间主体关系的特殊性

由于监理合同自身性质的特殊性，在监理单位、承包商以及业主三者的关系中，监理单位与业主之间属委托与被委托的关系，即监理单位接受委托，通过自己的服务获得酬金，双方之间存在着一定的经济关系。而监理单位与承包商之间属监理与被监理的关系，双方之间并不存在经济利益关系。对承包商获取的工程利润，监理单位并不参与利润分成。

同时，在承包商与业主的关系和监理单位与业主的关系中，承包商与监理单位各自的地位和行为目的也不同。前者，承包商是以经营为目的，承包工程造价通过自己的管理、技术等手段获取工程项目的利润；而后者，监理单位并不直接经营工程项目，不向业主承包工程造价，仅仅是通过服务获得酬金；如果其提供了优质服务，应该获得业主的奖励。

二、监理合同的形式和类别

（一）监理合同的形式

1. 简单的信件式合同

这种方式的合同通常是由监理单位制定的，并由委托方签署一份备案，退给咨询监理单位执行。

2.委托通知单

它是由委托方发出的执行任务的委托通知单，委托方通常通过通知单的形式，把监理单位在争取委托合同时提出的建议中所规定的工作内容委托给对方，成为对方所接受的协议。

3.标准委托合同格式

国际上，许多咨询监理的行业协会或组织，都先后专门制定了标准委托合同格式。国际咨询工程师联合会 FIDIC 颁布的《雇主与咨询工程师项目管理协议书国际范本与国际通用规则》（简称 IGRA-990PM），是国际上普遍采用的一种标准委托合同格式，受到了世界银行等国际金融机构以及一些国家政府有关部门的认可。

4.我国监理委托合同示范文本

为适应监理事业发展的需要，更好地规范监理双方当事人的行为，住房和城乡建设部、国家市场监督管理总局联合制定并颁布了《建设工程监理合同（示范文本）》（GF-2012-0202）。监理合同示范文本，一方面遵循《中华人民共和国经济合同法》的基本原则及建设监理的有关法规、方针、政策，结合我国实际情况；另一方面参照了 FIDIC《业主/咨询工程师标准服务协议书》，具有国际规范的意义。

（二）监理合同的类别

建设监理合同可以从不同的角度进行分类。我国目前常用的分类方式是按照合同内容进行的分类。

如果将工程建设划分为建设前期（投资决策咨询）、设计、施工招标、施工等几个阶段，监理合同也可分为这样几类。当然，业主即可委托一个监理单位承担所有阶段的监理业务，也可分别委托几个监理单位承担。

1.建设前期监理合同

在这类监理合同中，监理单位主要从事建设项目的可行性研究并参与设计任务书的编制。

2.设计监理合同

在这类监理合同中，监理单位的监理内容：审查或评选设计方案；审查设计实施文件；选择勘察、设计单位，代签或参与签订勘察、设计合同或监督合同的实施；代编或代审概算、预算等。

3. 招标监理合同

在这类监理合同中，监理单位的监理内容：准备招标文件，代理招标、评标、决标，与中标单位商签工程承包合同。

4. 施工监理合同

在这类监理合同中，监理单位的监理内容：审查工程计划和施工方案；监督施工单位严格按规范、标准施工、审查技术变更，控制工程进度和质量，检查安全和防护设施；检测原材料和构配件质量；认定工程质量和数量；验收工程和签发付款凭证；审查工程价款；整理合同文件和技术档案；提出竣工报告；处理质量事故等。

三、建设监理合同的订立和履行

（一）建设监理合同的订立

监理合同的签订要遵守一般经济合同签订的法定程序，即签约－承诺，但是监理合同有其自身的特殊性，签订时还应注意做好前期考察工作。因为签订监理合同是一种法律行为，合同一经签订生效，即确立了双方之间的合同法律关系，双方的行为将受到合同的约束，因此，必须慎重。在签订合同前，要做好充分的前期考察工作，一方面，是对即将成为合作伙伴主体之间的考察，即签约双方应对对方的资格、资信及履约能力等情况进行充分的调查了解；另一方面，是监理单位对建设项目的考察。

l. 考察

（1）业主对监理单位的资格考察

必须有经建设主管部门审查并签发的具有承担监理合同内规定的建设工程资格的资质等级证书；必须是经市场监督管理机关审查注册，取得营业执照，具有法人资格的正式企业；具有对拟委托的建设工程监理的业务水平和实际能力（具体表现在监理人员素质、主要检测设备）；以往的监理经历和业绩，类似业务的完成情况、有无重大失误或事故；单位本身的经济状况，内部的财务管理情况，尤其是近几年的经济效益，总体的社会信誉。

业主对监理单位的资格预审，可以通过招标预选进行，也可通过社会调查进行。

（2）监理单位对业主的考察

监理单位应当了解业主是否具有签订监理合同合法的主体资格，如是否是依法成立，具有法人资格，能够独立参加民事活动并承担民事责任；是否具有与拟签订合同相当的财产和经费。这是履行合同的基础和承担责任的前提；社会信誉如何，即以往与其他单位的合作中是否有不良情况，如拖延支付或不付酬金；苛刻或刁难其他监理单位，如赖账等。

（3）监理单位对工程项目的考察

监理单位应考察拟委托工程项目的合法性，即是否符合国家法律、政策以及基建计划；考察其投资来源与状况，资金是否落实，从而决定有无必要竞争；监理单位要充分了解项目本身的情况和对监理的具体要求，应针对自己的实际业务水平、技术力量、工作设施和能力，客观地权衡完成该项目监理的可行性。如能完成是否具有较好的收益。对实行招标的项目，要考虑对手的实力及投标报价的动向，决定是否投标。对一些超过自身业务范围和资质等级的项目，不宜勉强投标。

（4）监理单位对承包商的考察

监理单位应了解承包商的基本情况，比如资质等级、业务水平、技术力量、经济情况等；以往的建筑业绩，是否有大的质量事故、工期拖延等情况；了解其业务方面的长处与不足，以期在未来的监理中突出重点监理；了解以往在与别的监理单位的合作中的风格、态度和惯常做法等。

总之，充分了解对方的情况与任务情况，有助于前期决策和后期合作。

2.按照监理合同范本起草合同

我国监理合同示范文本的制定，认真遵循了经济合同法的基本原则和建设监理的有关法规及方针政策，比较客观、全面地反映了工程项目监理过程中各个环节当事人双方的责、权、利关系，内容比较系统完整，概念明确，依照规定有利于帮助当事人正确地签订合同，避免合同条款的不完备，意思表示不准确而产生纠纷，从而保护当事人的合法权益。

3.认真审查合同内容、签订合同

（1）对照监理合同示范文本完善合同缺陷

一般合同的缺陷通常有：

①合同的结构有缺陷。主要表现为缺少某一特定部分或某些重要的、主要的条款，但往往签字后才发现，因此，难以修改和补充。

②合同条款中内容缺陷。对许多可能发生的情况未做具体的规定。

③合同中某些内容含糊、概念不清。双方的责权关系不明确，导致履行时发生争执。

④合同文件和条款之间的矛盾性。即同一具体问题在不同的文件和条款中的规定互相矛盾，导致执行中的困难。

⑤主体双方对合同内容的理解有差异。由于各自的知识、阅历、经验不同，对某些内容的理解有分歧，使合同难以履行，所以，要注意在签约前，双方就合同条款充分理解、沟通。

（2）努力争取自己的合法权益

虽然在法律上明确规定了合同中主体之间地位平等和对等的权责，但在合同的签订和履行中往往有些合同主体总是难于实现"平等"和"权利"，这是因为合同主体自身理解法律、运用法律的经验水平和能力所导致，即主体不能够很好地去争取自己的合法权益。所以，作为合同主体，要从各方面努力争取在合同中确定自己的合法权益。

（3）保证签约前做最后一次审查

该审查的重点：

①前面合同审查所发现的问题是否都有了落实，得到解决，或都已处理过。

②不利的、苛刻的条款是否都已做了修改。

③新确定的、经过修改或补充的合同条文与原来合同条款之间是否有矛盾和不一致。

④合同双方是否对合同条款的理解有完全的一致性。

⑤对于特大型工程，或合同关系很复杂的工程，最好在有关合同专家、法律专家的指导下审查，或请专家对合同鉴定，以减少失误，防止损失。

（二）合同的履行

业主和监理单位都应严格按合同的约定履行各自的义务，以使对方实现自己的权利。

第六节　FIDIC土木工程施工合同条件

一、FIDIC 合同条件概述

（一）FIDIC 简介

FIDIC 是"国际咨询工程师联合会"五个法文词首的缩写，其总部设在瑞士的洛桑。该组织在每个国家或地区只吸收一个独立的咨询工程师协会作为团体会员，至今已有 60 多个国家和地区的有关协会加入 FIDIC，因此，它是国际上最具有权威性的咨询工程师组织。中国工程师协会代表我国于 1996 年 10 月加入了该组织。

为了规范国际工程咨询和承包活动，FIDIC 先后发表过很多重要的管理性文件和标准化的合同文件范本。目前已成为国际工程界公认的标准化合同格式有"土木工程施工合同条件"（国际通称 FIDIC 红皮书）、"电气与机械工程合同条件"（黄皮书）和"业主－咨询工程师标准服务协议书"（白皮书）。这些合同文件不仅已经被 FIDIC 成员国广泛采用，而且世界银行、亚洲开发银行、非洲开发银行等金融机构也要求在其贷款建设的土木工程项目实施过程中使用该文件作为合同条件。近年来，FIDIC 又把"设计－建造与交钥匙工程合同条件"（橘皮书）和"土木工程施工分包合同条件"（配合"红皮书"使用）。FIDIC 编制了许多标准合同条件，其中在工程界影响最大的是 FIDIC 土木工程施工合同条件。在本书中，如无特别说明，FIDIC 合同条件即指 FIDIC 土木工程施工合同条件。

（二）FIDIC 合同条件的构成与应用

1.FIDIC 合同条件的构成

FIDIC 合同条件由通用合同条件和专用合同条件两部分组成。

（1）FIDIC 通用合同条件

FIDIC 的通用合同条件是固定不变的，工程建设项目只要是属于土木工程施工，如工民建工程、水电工程、路桥工程、港口工程等建设项目，都可适用。条件共分 25 大项，内含 72 条,72 条又可细分为 194 款。25 大项分别是：定义与解释；工程师及工程师代表；转让与分包；合同文件；一般义务；劳务；材料、工程设备和工艺；暂时停工；开工和误期；变更、添加和省略；索赔程序；承包商的设备、临时工程和材料；计量；暂定金额；指定的分包商；证书与支付；补救措施；特殊风险；解除履约合同；争端的解决；通知；业主的违约；费用和法规的变更；货币与汇率。在通用合同条件中还有一些可以考虑补充的条款：如贿赂、保密、关税和税收的特别规定等。

FIDIC 通用合同条件可以大致划分为设计权利义务的条款、涉及费用管理的条款、涉及工程进度控制的条款、涉及质量控制的条款和涉及法规性的条款等五大部分。这种划分只能是大致的，因此，有相当多的条款很难准确地将其划入某一部分，可能它同时涉及费用管理、工程进度控制等几个方面的内容。但为了 FIDIC 合同条件具有一定的系统性，有必要从条款的功能、作用等方面做一个初步的归纳。

（2）FIDIC 专用条件

FIDIC 在编制合同条件时，对土木工程施工的具体情况做了充分而详尽的考察，从中归纳出大量内容具体详尽适用于所有土木工程施工的合同条款，组成了通用合同条件。但仅有这些是不够的。具体到某一工程项目，有些条款应进一步明确，有些条款还必须考虑工程的具体特点和所在地区的情况予以必要的变动。FIDIC 专用合同条件就是为了实现这一目的而编制的。通用合同条件与专业合同条件一起构成了决定一个具体工程项目各方的权利义务和对工程施工的具体要求的合作条件。

2.FIDIC 合同条件的具体应用

（1）合同条件适用的工程类别

FIDIC 合同条件适用于一般的土木工程，其中，包括工业与民用建筑工程、土壤改造工程、道桥工程、水利工程、港口工程等。

（2）FIDIC 合同条件适用的合同性质

FIDIC 合同条件在传统上主要适用于国际工程施工。但 FIDIC 合同条件四版删去了文件标题中的"国际"一词，使 FIDIC 合同条件不但适用于国际性招标的工程施工，而且同样适用于国内合同（只有把专业条件稍加修改即可）。

（3）应用合同条件的前提

FIDIC合同条件注重业主、承包商、监理工程师三方关系协商，强调监理工程师在项目管理中的作用。

在土木工程施工中应用FIDIC合同条件应具备以下前提：

①通过竞争性招标确定承包商。

②监理工程师对工程施工进行监理。

③按照固定单价方式编制招标文件。

3.FIDIC合同条件下合同文件的组成及优先次序

在FIDIC条件下，合同文件除合同条件，还包括其他对业主、承包方都有约束力的文件。构成合同的这些文件应该是互相说明、互相补充的，但是这些文件有时会产生冲突或含义不清。此时，应由监理工程师进行解释，其解释应按构成合同文件的先后次序进行：合同协议书→中标函→投标书→合同条件第二部分（专用条件）→合同条件第一部分（通用条件）→规范→图样→标价的工程量表。

二、FIDIC合同条件中涉及权利义务的条款

（一）业主的权利与义务

业主是指合同专用条件中指定的当事人以及取得此当事人资格的合法继承人，但除非承包商同意，不指此当事人的任何受让人。业主是建设工程项目的所有人，也是合同的当事人，在合同的履行过程中享有大量的权利并承担相应的义务。

1.业主的权利

第一，业主有权批准或否决承包商将合同转让给他人。施工合同的签订意味着业主对承包商的信任，承包商无权擅自将合同转让给他人。即使承包商转让的是合同中的一部分好处或利益，如选择分包商，也必须经业主同意。这种转让行为可能损害业主的权益。

第二，业主有权将工程的部分项目或工作内容的实施发包给指定的分包商。指定分包商是指业主或监理工程师指定、选定或批准完成某一项工作内容的施工或材料设备的供应工作的承包商。

第三，承包商违约时业主有权采取补救措施。如施工期间出现的质量事故，如果承包商无力修复或者监理工程师考虑工程安全，要求承包商紧急修复，而承包商不愿或不能立即进行修复，此时，业主有权启用其他人完成修复工作，所支付的费用从承包商处扣回。

第四，承包商构成合同规定的违约事件时，业主有权终止合同。在发出终止合同的书面通知 14 天后，在不解除承包商履行合同的义务与责任的条件下，业主可以进驻施工现场。业主可以自己完成该工程，或雇用其他承包商完成该工程。业主或其他承包商为了完成该工程，有权使用他们认为合适的承包商的设备、临时工程和材料。

2.业主的义务

（1）业主应在合理的时间内向承包商提供施工场地。

（2）业主应在合理的时间内向承包商提供图样和有关辅助资料。

（3）业主应按合同规定的时间向承包商付款。

（4）业主应在缺陷责任期内负责照管工程现场。

（5）业主应协助承包商做好有关工作。

3.业主应承担的风险

（1）战争、敌对行动（不论宣战与否）、入侵、外敌行动。

（2）叛乱、革命、暴动，或军事政变、篡夺政权、内战等。

（3）由于任何有危险性物质所引起的离子辐射或放射性污染。

（4）以音速或超音速飞行的飞机或其他飞行装置产生的压力波。

（5）暴乱、骚乱或混乱，但对于完全局限在承包商或其分包商雇用人员中间且是由于从事本工程而引起此类事件除外。

（6）由于业主提前使用或占用任何永久工程的区段或部分而造成的损失或损害。

（7）因工程设计不当而造成的损失或损害，而这类设计又不是由承包商提供或由承包商负责的。

（8）一个有经验的承包商通常无法预测和防范的任何自然力的作用。

发生上述事件，业主应承担风险，如这已包括在合同规定的有关保险条款中，凡投保的风险，业主将不再承担任何费用方面的责任和义务。如果在风险事件发生之前就已被监理工程师认定是不合格的工程，对该部分损失业主也不承担责任。

（二）承包商的权利和义务

承包商是指其标书已被业主方接受的当事人，以及取得该当事人资格的合法继承人，但不指该当事人的任何受让人（除非业主同意）。承包商是合同的当事人，负责工程的施工。

1.承包商的权利

（1）有权得到工程付款。

（2）有权提出索赔。

（3）有权拒绝接受指定的分包商。

（4）如果业主违约，承包商有权终止受雇和暂停工作。

2. 承包商的义务

（1）按合同规定的完工期限、质量要求完成合同范围内的各项工程。

（2）对现场的安全负责。

（3）遵照执行监理工程师发布的指令。

（三）监理工程师的权力与职责

监理工程师是指业主为合同规定目的而指定的工程师。监理工程师与业主签订委托协议书，根据施工合同的规定，对工程的质量、进度和费用进行控制和监督，以保证工程项目的建设能满足合同的要求。

1. 监理工程师的权力

（1）监理工程师在质量管理方面的权力

监理工程师对现场材料及设备有检查和控制的权力，对工程所需要的材料和设备，监理工程师随时有权检查；有权监督承包商的施工；对已完工程有确认或拒收的权力；有权对工程采取紧急补救措施；有权要求解雇承包商的雇员；有权批准分包商。

（2）监理工程师在进度管理方面的权力

监理工程师有权批准承包商的进度计划；有权发出开工令、停工令和复工令；有权控制施工进度。

（3）监理工程师在费用管理方面的权力

监理工程师有权确定变更价格；有权批准使用暂定金额；有权批准使用计日工；有权批准向承包商付款。

（4）监理工程师在合同管理方面的权力

监理工程师有权批准的工程延期；有权发布工程变更令；有权颁发移交证书和缺陷责任证书；有权解释合同中有关文件；有权对争端做出决定。

2. 监理工程师的职责

（1）认真执行合同

这是监理工程师的根本职责。根据 FIDIC 合同条件的规定，监理工程师的职责有合同实施过程中向承包商发布信息和指示；评价承包商的工作建议；保证材料和工艺符合规定；批准已完成工作的测量值以及校核，并向业主送交支付证书等工作。这些工作既是监理工程师的权力，也是监理工程师的义务。在合同的管理中，尽管业主、承包商和监理工程师之间定期召开会议，但业主和承包商的全部联系还应该通过监理工程师进行。

（2）协调施工有关事宜

监理工程师对工程项目的施工进展负有重要责任，应同业主、承包商保持良好的工作关系，协调有关施工事宜，及时处理施工中出现的问题，确保施工的顺利进行。

三、FIDIC 合同条件中涉及费用管理的条款

（一）工程量的计量

合同内工程量表中所列的工程量是对工程的估算量值，不能作为承包商完成合同内规定义务施工后的准确工程量。在每个月业主支付工程进度款前，均须通过测量来核实实际完成的工程量作为支付依据。

工程量表中所列的包干项目，工程师应要求承包商在接到中标通知书的 28 天内，提交一份包干项目的分项表。经过工程师批准后，合同履行过程中按表中的内容核实，分阶段进行支付。

由于 FIDIC 合同是固定单价合同，承包商报出的单价一般是不能变动的。因此，工程价款的支付额是单价与实际工程量的乘积之和。

（二）合同履行过程中的结算与支付

1.工程进度中的结算与支付（中期付款）

中期付款如按月进行即为月进度支付。因此，承包商应先提交月报表，交由监理工程师审核后填写支付证书并报送业主。

监理工程师接到月结算报表后，在 28 天内应向业主报送他认为应该付给承包商的本月结算款额和可支付的项目，即在审核承包商报表中申报的款项内容的合理性和计算的准确性后，监理工程师应按合同规定扣除应扣款额，所得金额净值则为承包商本月应得付款。应扣款额主要是以前支付的预付款额、按合同规定计算的保留金额，以及承包商到期应付给业主的其他金额。如果最后计算的金额净值少于投标书附件规定的临时支付证书最少金额时，监理工程师可不对这月结算作证明，留待下月一并付款。另外，监理工程师在签发每月支付证书时，有权对以前签发的证书进行修正；如果他对某项工作的执行情况不满意时，也有权在证书中删去或减少该项工作的价值。

2.暂定金额的使用

暂定金额也称备用金，是指包括在合同中并在工程量表中以该名称标明供工程任何部分的施工，或提供货物、材料、设备、服务，或供不可预料事件之费用的一项金额。

暂定金额的使用范围为：

（1）招标时，还不能对工程的某个部分做出足够详细的规定，从而使投标人不能开

出确定的费率和价格。

（2）招标时，不能确定某一具体工作项目是否包括在合同之内。

（3）给指定分包商工作的付款。

3. 保留金的支付

保留金也称滞留金，是每次中期付款时，从承包商应得款项中按投标书附件规定比例扣除的金额。在一般情况下，从每月的工程结算款中扣除 7% ~ 10%，一直扣到工程合同价的 5% 为止。

当颁发整个工程的移交证书时，监理工程师应开具支付证书，把一半保留金支付给承包商。如果颁发的是部分工程的移交证书时，则应向承包商支付按监理工程师计算的这部分永久工程所占合同工程比例相应的保留金额的一半。

当工程的缺陷责任期满时，另一半保留金将由监理工程师开具支付证书支付给承包商。如果有不同的缺陷责任期适用于永久工程的不同区段或部分时，只有当最后一个缺陷责任期满时才认为该工程的缺陷责任期满。

4. 竣工报表及支付

颁发整个工程的移交证书之后 84 天内承包商应向监理工程师呈交一份竣工报表，并应附有按监理工程师批准的格式所编写的证明文件。竣工报表应详细说明以下几点：

（1）到移交证书证明的日期为止，根据合同所完成的所有工作的最终价值。

（2）承包商认为应该支付的任何进一步的款项。

（3）承包商认为根据合同将支付给其的估算数额。

监理工程师应根据竣工图对工程量进行详细核算，对承包商的其他支付要求加以审核，最后确定工程竣工报表的支付金额，上报业主批准支付。

5. 最终报表与最终支付证书

在颁发缺陷责任证书后 56 天内，承包商应向监理工程师提交一份最终报表草案供其考虑，并应附按监理工程师批准的格式编写的证明文件。该草案应该详细说明以下问题：

（1）根据合同所完成的所有工作的价值。

（2）承包商根据合同认为应支付给他的任何进一步的款项。

如果监理工程师不同意或不能证实该草案的任何一部分，则承包商应根据监理工程师的合理要求提交进一步的资料，并对草案进行修改以使双方可能达成一致。随后，承包商应编制并向监理工程师提交双方同意的最终报表。当最终报表递交之后，承包商根据合同向业主索赔的权利就终止了。

监理工程师在接到最终报表及书面结清单后 28 天内，向业主发出一份最终证书，说明监理工程师认为按照合同最终应支付的金额；业主按（除拖期违约罚款外）对以前所支付的所有款项和应得到的各项款额加以确认后，业主还应支付给承包商或承包商还应支付给业主的余额。

6. 承包商对指定分包商的支付

承包商在获得业主按实际完成工程量的付款后，扣除分包合同规定承包商应得款（如提供劳务、协调管理的费用等）和按比例扣除滞留金后，应按时向指定分包商付款。监理工程师在颁发支付证书前，如果承包商提交不出证明，且没有合法的理由，则业主有权根据监理工程师的证明直接向该指定的分包商支付在指定分包合同中已规定、而承包商未支付的所有费用（扣除保留金）。然后，业主以冲账方式从业主应付或将付给承包商的任何款项中将上述金额扣除。

（三）有关工程变更和价格调整时结算与支付的规定

1. 使用工程量表中的费率和价格

对变更的工作进行估价，如果监理工程师认为适当，可以使用工程量表中的费率和价格。

2. 制定新的费率和价格

一般情况下，合同内所含任何项目的费率或价格不应考虑变动，除非该项目涉及的款额超过合同价格的 2% 或在该项目下实施的实际工程量超出或少于工程量表中规定的工程量的 25% 以上。此时，如果合同中未包括适用于该变更工作的费率或价格，则要求监理工程师与业主、承包商适当协商后，再由监理工程师和承包商商定一个合适的费率或价格。监理工程师在行使与承包商商定或单独决定费率的权力时，应得到业主明确批准。变更工程开始之前，业主向承包商发出要求将额外付款或费率的确定意图通知监理工程师的文件，或是直接将他确定费率或价格的意图通知承包商，以便双方进行协商。

3. 变更超过 15% 时的合同总价变动

如果在颁发整个工程的移交证书时，由于对变更工作的估价对工程量表中开列的估算工程时进行实体计量后所做的调整（不包括暂定金额、计时工费用和价格调整），使合同价格的增加或减少值合计起来超过"有效合同价"（此处是指不包括暂定金额及计日工补贴的合同价格）的 15%，则经监理工程师与业主和承包商适当协商后，应在合同价格中加上或减去承包商与监理工程师可能议定的额外款额。如双方未能达到一致，此款额则应由监理工程师在考虑合同中承包商的现场费用和总管理费用予以确定。该款项的计算应超出有效合同价格的 15% 的量为基础。

（四）有关索赔的规定

1. 承包商发出索赔通知

当索赔事件发生后，承包商必须在 28 天内，将其要求索赔的意向通知监理工程师，同时将一份副本呈交业主。

2. 承包商应做好同期记录

索赔事件发生后至索赔事件的影响结束期间，要认真做好同期记录。同期记录的内容应当包括索赔事件及与索赔事件有关的各项事宜。承包商的同期记录，对于处理索赔事件是十分重要的，它能够使监理工程师对索赔事件的详细情况做全面了解，以便确定合理的索赔估价。

3. 承包商提供索赔证明

承包商应在索赔通知发出后的 28 天内，或在监理工程师同意的其他合理的时间内提供索赔证明。该证明应当说明索赔款额及提出索赔的依据等详细材料。

当据以提出索赔的事件具有连续影响时，承包商应按监理工程师的要求，在一定时间内，提出阶段性的详细情况的报告。索赔事件所产生的影响结束 28 天内，承包商应向监理工程师提交一份最终详细报告。

4. 索赔的审批和支付

承包商提供索赔证明后，监理工程师便可以开始对索赔事件进行审批。监理工程师根据合同条件和承包商提供的索赔证明，确定索赔是否可以接受，并对可以接受的索赔事件，确定最终的索赔金额；也可任命评估小组，对索赔事件进行调查核实，并提出评估报告，再由监理工程师进行审批。如果承包商违反了索赔程序，则有权得到的付款将不超过监理工程师或仲裁人员通过同期记录核实估价的索赔总额。

对于经监理工程师与业主、承包商适当协商后确定的应付索赔金额，承包商有权要求监理工程师纳入签署的任何临时付款，而不必等到全部索赔结束后再行支付。

第八章 工程项目信息管理

第一节 工程项目信息管理概述

一、工程项目信息管理的含义和目的

信息管理在工程项目管理中是最薄弱的工作环节，多数施工企业的信息管理还相当落后，其落后表现在于对信息管理的理解，以及信息管理的组织、方法和手段基本上还停留在传统的方式和模式上。工程项目的信息包括在项目决策过程、实施过程（设计准备、设计、施工和物资采购环节等）和运行过程中产生的信息，以及其他与项目建设有关的信息。它包括项目的组织类信息、管理类信息、经济类信息、技术类信息和法规类信息。通过信息技术在工程项目管理中的应用，首先能够实现各类信息存储相对集中。这有利于工程项目信息的检索和查询，数据和文件版本的统一，以及工程项目的文档管理；其次能够实现各类信息处理的程序化、数字化和电子化，这有利于提高数据处理的准确性及保密性，以及提高数据处理的效率；最后能够实现各类信息获取更加便捷，提高信息透明度，这有利于工程项目各参与方之间的信息交流和协同工作。工程项目的实施需要人力资源和物质资源，应认识到信息也是项目实施的重要资源之一。

信息管理是指信息传输的合理组织和控制。工程项目的信息管理是指通过对各个系统、各项工作和各种数据的管理，使项目的信息能方便、有效地获取、存储、处理和交流。工程项目的信息管理的目的旨在通过有效的项目信息传输的组织和控制为项目建设增值服务。据国际有关文献资料介绍，工程项目实施过程中存在的诸多问题中，2/3 与信息交流、信息沟通的问题有关，工程项目 10% ~ 33% 的费用增加与信息交流存在的问题有关。在大型工程项目建设中，信息交流的问题导致工程变更和工程实施的错误约占工程总成本的 3% ~ 5%，由此可见工程管理信息化有利于提高工程项目的经济效益和社会效益，达到为项目建设增值的目的。

二、工程项目信息管理的任务

（一）信息管理手册

项目各参与方都有各自的信息管理任务，为充分利用和发挥信息资源的价值、提高信息管理的效率，实现有序的和科学的信息管理，各方都应编制各自的信息管理手册，以规范信息管理工作。信息管理手册描述和定义了信息管理做什么、谁来做、什么时候做和其工作成果是什么等。它的主要内容包括：

1. 信息管理的任务（信息管理任务目录）。
2. 信息管理的任务分工表和管理职能分工表。
3. 信息的分类。
4. 信息的编码体系和编码。
5. 信息输入、输出模型。
6. 各项信息管理工作的工作流程图。
7. 信息流程图。
8. 信息处理的工作平台及其使用规定。
9. 各种报表、报告的格式，以及报告周期。
10. 工程项目进展的月度、季度、年度报告和工程总报告的内容及其编制。
11. 工程档案管理制度。
12. 信息管理保密等制度。

（二）信息管理部门的工作任务

工程项目管理班子中各个工作部门的管理工作都与信息处理有关，而信息管理部门的主要工作任务：

1. 编制项目信息管理手册，在项目实施过程中进行信息管理手册的必要修改和补充，并检查执行情况。
2. 协调和组织项目管理班子中各个工作部门的信息处理工作。
3. 信息处理工作平台的建立和运行维护。
4. 与其他工作部门协同组织信息的收集、处理，并形成各种反映工程项目进展和目标控制的报表和报告。
5. 工程项目档案管理等。

（三）信息管理工作流程

收集信息→录入信息→审核信息→加工信息→信息传输与发布

由于工程项目大量数据处理的需要，应充分重视利用信息技术的手段进行信息管理，其核心的手段是基于网络的信息处理平台。国际上，许多工程项目都专门设立信息管理部门，以确保信息管理工作的顺利进行，也有一些大型工程项目专门委托咨询公司从事项目信息的动态跟踪和分析，以信息流指导物质流，从宏观上对工程项目的实施进行控制。

第二节　工程项目信息的分类、编码及处理

一、工程项目信息的分类

工程项目各参与方可根据各自的工程项目管理需求确定其信息管理的分类，也可以从不同的角度对工程项目的信息进行分类。按项目管理工作的对象，即按项目的分解结构，如子项目 1、子项目 2 等进行信息分类；按项目实施的工作流程，如设计准备、设计、招投标和施工过程等进行信息分类；按项目管理工作的任务，如投资控制、进度控制、质量控制等进行信息分类；按信息的内容属性，如组织类、管理类、经济类、技术类和法规类等进行信息分类。

为满足工程项目管理工作的要求，往往需要对项目信息进行综合分类，即按多维进行分类，如第一维按项目的分解结构，第二维按项目实施的工作过程，第三维按项目管理工作的任务。为了方便信息交流和实现部分信息共享，应尽可能统一分类，如项目的分解结构应统一。

二、工程项目信息的编码

编码是信息处理的一项重要的基础工作。编码是由一系列符号（如文字）和数字组成，一个工程项目有不同类型和不同用途的信息。为了有组织地存储信息，方便信息的检索和信息的加工整理，必须对项目的信息进行编码。

（一）项目结构编码

项目的结构编码是依据项目结构图，对项目结构的每一层的每一个组成部分进行编码。项目结构的编码和用于成本控制、进度控制、质量控制、合同管理和信息管理等管理工作的编码虽有紧密的联系，但它们之间又有区别。项目结构图和项目结构的编码是编制上述其他编码的基础。

（二）项目管理组织结构编码

项目管理组织结构编码是依据项目管理的组织结构图，对每一个工作部门进行编码。项目的政府主管部门和各参与单位的编码包括政府主管部门、业主方的上级单位或部门、金融机构、工程咨询单位、设计单位、施工单位、物资供应单位、物业管理单位等。

（三）项目实施工作项编码

项目实施的工作项编码应覆盖项目实施工作任务目录的全部内容，包括设计准备阶段的工作项、设计阶段的工作项、招投标工作项、施工和设备安装工作项、项目动用前的准备工作项等。

（四）项目的投资项与成本项编码

项目的投资项编码并不是概预算定额确定的分部分项工程编码，而是综合考虑概算、预算、标底、合同价和工程款的支付等因素建立统一的编码，以服务于项目投资目标的动态控制。项目成本项编码也不是预算定额确定的分部分项工程编码，而是综合考虑预算、投标价估算、合同价、施工成本分析和工程款的支付等因素建立统一的编码，以服务于项目成本目标的动态控制。

（五）项目进度项编码

项目的进度项编码应综合考虑不同层次、不同深度和不同用途的进度计划工作项的需要，建立统一的编码，服务于项目进度目标的动态控制。项目进展报告和各类报表编码应包括项目管理形成的各种报告和报表的编码。

（六）项目合同编码

合同编码应参考项目的合同结构和合同的分类，准确反映合同的类型、相应的项目结构和合同签订的时间等特征。

（七）项目函件编码

项目函件编码应反映发函者、收函者、函件内容所涉及的分类和时间等，以便函件的查询和整理。

（八）项目档案编码

项目档案的编码应根据有关工程档案的规定、项目的特点和项目实施单位的需求而建立。

由此可知这些编码是因不同的用途而编制的，如投资项编码（业主方）/成本项编码（施工方）服务于投资控制工作/成本控制工作；进度项编码服务于进度控制工作。但是有些编码并不是针对某一项管理工作而编制的，如投资控制/成本控制、进度控制、质量控制、合同管理、编制项目进展报告等都要使用项目的结构编码，因此，就需要进行编码组合。

三、工程项目信息的处理

为了充分发挥信息资源的价值，信息对项目目标控制的作用，工程项目信息的处理应由传统方式向基于网络信息处理平台方向发展。网络信息处理平台主要由三个部分构成：第一部分是数据处理设备，包括计算机、打印机、扫描仪、绘图仪等。第二部分是数据通信网络，包括形成网络的有关硬件设备和相应的软件等。数据通信网络主要有三种类型，分别是局域网、城域网以及广域网。局域网（LAN）是由与各网点连接的网线构成的网络；城域网（MAN）是指在大城市范围内两个或多个网络的互联；广域网（WAN）是指在数据通信中，用来连接分散在广阔地域内的大量终端和计算机的一种多态网络。第三部分是软件系统，包括操作系统和服务于信息处理的应用软件等。

工程项目各参与方往往分散在不同的地点，不同的城市，或不同的国家，因此，其信息处理应充分考虑利用远程数据通信的方式。目前，工程项目数据通信的方式主要有以下几种：

（1）通过电子邮件收集和发布信息。

（2）通过基于互联网的项目专用网站实现项目各参与方之间的信息交流、协同工作和文档管理。

（3）召开网络会议。

（4）基于互联网的远程教育与培训。

第三节　施工项目信息管理

一、施工项目信息的内容

（一）施工项目信息的分类

施工项目信息主要分类见表8-1。

表 8-1　施工项目信息主要分类

依据	信息分类	主要内容
管理目标	成本控制信息	施工项目成本计划、施工任务单、限额领料单、施工定额、成本统计报表、对外分包经济合同、原材料价格、机械设备台班费、人工费、运杂费等
	质量控制信息	国家或地方政府部门颁布的有关质量政策、法律、法规和标准等，质量目标的分解图表、质量控制的工作流程和工作制度、质量管理体系构成、质量抽样检查数据、各种材料和设备的合格证、质量证明书、检测报告等
	进度控制信息	施工项目进度计划、施工定额、进度目标分解图表、进度控制工作流程和工作制度、材料和设备到货计划、各分部分项工程进度计划、进度记录等
	安全控制信息	施工项目安全目标、安全控制体系、安全控制组织和技术措施、安全教育制度、安全检查制度、伤亡事故统计、伤亡事故调查与分析处理等
生产要素	劳动力管理信息	劳动力需用量计划、劳动力流动、调配等
	材料管理信息	材料供应计划、材料库存、储备与消耗、材料定额、材料领发及回收台账等
	机械设备管理信息	机械设备需求计划、机械设备使用情况、保养与维修记录等
	技术管理信息	各项技术管理组织体系、制度和技术交底、技术复核、已完工程的检查验收记录等
	资金管理信息	资金收支金额及其对比分析、资金来源渠道和筹措方式等
管理工作流程	计划信息	各项计划指标、工程施工预测指标等
	执行信息	项目施工过程中下达的各项计划、指示、命令等
	检查信息	工程的实际进度、成本、质量的实施状况等
	反馈信息	各项调整措施、意见、改进的办法和方案等
信息来源	内部信息	工程概况、施工项目的成本目标、质量目标、进度目标、施工方案、施工进度、完成的各项技术经济指标、项目经理部组织、管理制度等
	外部信息	监理通知、设计变更、国家有关的政策及法规、国内外市场的有关价格信息、竞争对手信息等
信息稳定程度	固定信息	施工定额、材料消耗定额、施工质量验收统一标准、施工质量验收规范、生产作业计划标准、施工现场管理制度、政府部门颁布的技术标准、不变价格等
	流动信息	施工项目的质量、成本、进度的统计信息、计划完成情况、原材料消耗量、库存量、人工工日数、机械台班数等
信息性质	生产信息	施工进度计划、材料消耗等
	技术信息	技术规范、施工方案、技术交底等
	经济信息	施工项目成本计划、成本统计报表、资金耗用等
	资源信息	资金来源、劳动力供应、材料供应等

续表

依据	信息分类	主要内容
信息层次	战略信息	提供给上级领导的重大决策性信息
	策略信息	提供给中层领导部门的管理信息
	业务信息	基层部门例行性工作产生的或需用的日常信息

（二）施工项目信息的表现形式

施工项目信息的表现形式主要有书面形式、技术形式与电子形式三种。其中，书面形式是施工项目信息最主要的表现形式，包括设计图纸、说明书、任务书、施工组织设计、合同文本、概预算书、各类报表、工作条例、规章、制度，会议纪要、技术交底记录、工作研讨记录，工程变更文件记录、电话记录等。技术形式的施工项目信息主要包括电报、录像、录音、磁盘、光盘、图片、照片等记载储存的信息。电子形式的施工项目信息主要是指电子邮件等信息。

（三）施工项目信息结构

施工项目信息结构是由施工项目公共信息及施工项目个体信息两大系统组成。

二、施工项目信息的管理

施工项目信息管理是指施工企业以项目管理为目标，以施工项目信息为管理对象所进行的有计划地收集、处理、储存、传递、应用各类信息的一系列工作。企业为实现项目管理的信息化，取得良好的经济效果，应做好以下几方面工作：

（一）明确施工项目管理中的信息流程

根据施工项目管理工作的要求和对项目组织结构、业务功能以及流程的分析，建立各部门及人员之间、上下级之间、内外之间的信息连接，并要保持信息流动渠道的畅通有序，否则施工项目管理人员无法及时得到必要的信息，就会失去控制的基础、决策的依据和协调的媒介，将影响施工项目顺利进行。

（二）建立施工项目管理中的信息收集制度

对施工项目的各种原始信息来源、信息内容、信息标准、信息时间要求、信息传递途径、信息反馈范围、责任人员的工作职责、工作程序等有关问题做出具体规定，形成制度并认真执行，以保证原始资料的全面性、及时性、准确性和可靠性。为了便于信息的查询使用，一般是将收集的信息填写在项目目录清单上，再输入管理系统，其格式见表8-2。

表 8-2　项目目录清单

序号	项目名称	项目电子文档名称	单位工程名称	单位工程电子文档名称	负责部门	负责人	日期	附注
1								
2								
3								
…								
N								

（三）施工项目管理中的信息处理

施工项目管理中的信息处理主要包括信息的收集、加工、传输、存储、检索和输出等工作，其内容见表 8-3。

表 8-3　信息处理的工作内容

工作	工作内容
收集	收集原始资料，要求资料全面、及时、准确可靠
加工	1. 对所收集的资料进行筛选、校核、分组、排序、汇总、计算平均数等整理工作，建立索引或目录文件； 2. 将基础数据综合成决策信息； 3. 对数据进行统计分析和预测
传输	借助纸张、图片、胶片、磁带、软盘、光盘、计算机网络等载体传递信息
存储	将各类信息存储、建立档案，妥善保管，以备随时查询使用
检索	建立一套科学、迅速的检索方法，便于查找各类信息
输出	将处理好的信息按各管理层的不同要求，编制打印成各种报表和文件，或以电子邮件、Web 网页等形式发布

参考文献

[1] 苏德利．土木工程施工组织 [M]．武汉：华中科技大学出版社，2020.

[2] 陈大川．土木工程施工技术 [M]．长沙：湖南大学出版社，2020.

[3] 殷为民，杨建中．土木工程施工：第 2 版 [M]．武汉：武汉理工大学出版社，2020.

[4] 郭正兴，郭正兴，李金根．土木工程施工：第 3 版 [M]．南京：东南大学出版社，2020.

[5] 刘将．土木工程施工技术 [M]．西安：西安交通大学出版社，2020.

[6] 陶杰，彭浩明，高新．土木工程施工技术 [M]．北京：北京理工大学出版社，2020.

[7] 杨国立．土木工程施工 [M]．北京：中国电力出版社，2020.

[8] 卜良桃，曾裕林，曾令宏．土木工程施工 [M]．武汉：武汉理工大学出版社，2019.

[9] 续晓春．土木工程施工组织 [M]．北京：北京理工大学出版社，2019.

[10] 刘莉萍，刘万锋，杨阳．土木工程施工与组织管理 [M]．合肥：合肥工业大学出版社，2019.

[11] 周合华．土木工程施工技术与工程项目管理研究 [M]．北京：文化发展出版社，2019.

[12] 张亮，任清等．土木工程建设的进度控制与施工组织研究 [M]．郑州：黄河水利出版社，2019.

[13] 张文江．土木工程施工 [M]．北京：地震出版社，2019.

[14] 尹立新，闫晶．土木工程施工 [M]．北京：机械工业出版社，2019.

[15] 张志国，刘亚飞．土木工程施工组织 [M]．武汉：武汉大学出版社，2018.

[16] 毛鹤琴，甘绍熙．土木工程施工 [M]．武汉：武汉理工大学出版社，2018.

[17] 钱大行．土木工程施工 [M]．郑州：郑州大学出版社，2018.

[18] 皮丽丽，李超等．土木工程施工 [M]．成都：电子科技大学出版社，2018.

[19] 魏启智，甘元初．土木工程施工 [M]．长沙：湖南师范大学出版社，2018.

[20] 李忠富，周智．土木工程施工 [M]．北京：中国建筑工业出版社，2018.

[21] 汪海芳，杨永刚．土木工程施工技术 [M]．成都：电子科技大学出版社，2018.

[22] 师卫锋．土木工程施工与项目管理分析 [M]．天津：天津科学技术出版社，2018.

[23] 胡成玉，王建平等．土木工程项目管理与施工技术探索 [M]．北京：中国华侨出版社，2021.

[24] 徐善初，董道军等．土木工程施工 [M]．武汉：中国地质大学出版社有限责任公司，2017.

[25] 张春姝. 土木工程施工技术 [M]. 北京：航空工业出版社，2017.

[26] 梁培新，王利文等. 土木工程施工组织 [M]. 北京：中国建筑工业出版社，2017.

[27] 张厚先. 土木工程施工技术 [M]. 北京：化学工业出版社，2017.

[28] 王卓甫，王文顺等. 工程项目管理原理 [M]. 北京：机械工业出版社,2019.

[29] 齐锡晶. 工程项目管理 [M]. 沈阳：东北大学出版社,2019.